北方地区

园林植物识别与
应用实习教程

王 玲 宋 红 主编

中国林业出版社

图书在版编目（CIP）数据

北方地区园林植物识别与应用实习教程／王玲，宋红　主编．—北京：中国林业出版社，
2009.3（2017.6 重印）

ISBN 978-7-5038-5408-8

I. 北…　II. ①王…　②宋…　III. 园林植物—中国—教材　IV. S68

中国版本图书馆CIP数据核字（2009）第003557号

中国林业出版社

策划、责任编辑：吴金友　于界芬　李　顺
电话：83143569

出　　版：中国林业出版社（100009　北京西城区德内大街刘海胡同7号）
电　　话：（010）83145500
发　　行：新华书店北京发行所
印　　刷：北京中科印刷有限公司
版　　次：2009年3月第1版
印　　次：2017年6月第2次
开　　本：787mm×1092mm　1／16
印　　张：11
字　　数：275千字
定　　价：56.00元

前　言

　　《北方地区园林植物识别与应用实习教程》可作为园林树木学、观赏树木学、园林植物学和风景园林树木学等课程的实习教材，本书适用范围为秦岭、淮河以北地区，即通常指的北方地区。选择识别树种时，以秦岭、淮河以北分布的植物为主，适当介绍国内外已有应用而又适合本地区栽培的极有特色的乔木、灌木、草花草坪植物。全书共选入约 300 种（未包括栽培品种），其中木本植物约 230 种，草花草坪植物约 60 种。

　　全书分总论和各论两部分，总论述叙了以应用为目的对园林植物进行分类，主要介绍园林植物的分类方法；以分类的结果指导应用，主要介绍各分类法为园林绿化规划设计或工程的应用提供科学依据，具体为树种选择和草花与草坪植物的选择两大方面；各论部份是北方地区园林植物识别，每种植物均有中文及拉丁学名、形态特征、地理分布、生态习性、繁殖方法、应用范围等内容，并附有彩照。

　　本书以应用为目的进行园林植物分类，以分类的结果指导应用常见植物识别，既省时又方便地查找识别园林植物，全书突出了"实用"二字，这是本书的一大特点。

　　全书图文并茂，应用范围广，书后附有北方地区主要花灌木花期顺序简表和北方地区主要草花花期顺序简表，能满足从业人员在城市绿化规划设计、施工、管理方面对植物的需要，也可作大专院校园林专业和相关专业师生的参考书。

　　本书在编写过程得到东北林业大学黄普华教授的帮助与指导，在此表达我们诚挚的敬意！书中照片，除作者拍照外，还通过互联网及其他方式收录了一些，在此谨向原作者致谢！图片整理过程得到硕士研究生仲轶、崔海波、石玉波的帮助，文字输入得到硕士研究生李博的帮助，在此也表示感谢。

　　因编者水平有限，错漏之处，敬请批评指正。

编者

东北林业大学

园林植物识别

园林中植物识别的目的是为了更科学合理地应用植物，营造出健康、生态和赏心悦目的植物景观。一个良好的植物景观一定是在植物生长正常，植物之间不会出现恶性竞争的基础上，在不同的时间都能观赏到不同景观，最好做到四季有花或果可观赏。而要做到这些，必须对园林中常用树种的观赏习性和生理生态习性十分了解，既知道它的观赏部位、观赏时间及观赏效果，又了解它对于环境的要求和对环境的改善作用，这样才能做到既适地适树又景观多样。

室外识别时，首先掌握树木的形体大小、形态、分枝及生境。比如雪松，形体大小方面：远看它的形体大小，成年的雪松是大的乔木，高度可以达到20m以上；形态方面：整个树木呈尖塔形，顶端优势十分明显；分枝方面：分枝较多，大枝一般平展，为不规则轮生，小枝略下垂；生境方面：较喜光，幼年稍耐庇荫，大树要求充足的上方光照，否则生长不良或枯萎，对土壤要求不严，酸性土、微碱性土均能适应，深厚肥沃疏松的土壤最适宜其生长，亦可适应黏重的黄土和瘠薄干旱地，耐干旱，不耐水湿，抗风力差，对二氧化硫抗性较弱，空气中的高浓度二氧化硫往往会造成植株死亡，尤其是4～5月间发新叶时更易造成伤害。

第二，后看叶的单叶、复叶及着生状态(对生、互生)、叶的大小、叶的颜色及附属物，有花、果时再看其特征。一次识别只能看到短时期内的观赏特征，应分季节多次反复，最好每一种作一物候期记载表。反复多次(一定在不同栽种地点、场所)的识别才能掌握。当然在识别这些特征中必须掌握其最主要的特征。仍以雪松为例，叶为针叶，质硬，先端尖细，叶色淡绿至蓝绿，叶在长枝上为螺旋状散生，在短枝上簇生，雌雄异株，稀同株，花单生枝顶，球果椭圆至椭圆状卵形，成熟后种鳞与种子同时散落，种子具翅；花期为10～11月份，雄球花比雌球花花期早10天左右，球果翌年10月份成熟。由于雌雄球花开花的时间相差约10天，所以在自然情况下，很难看到它的果。但是在一些植株集中的地方可以看到。还有其他一些特征，如树皮灰褐色，裂成鳞片，老时剥落；果成熟时为白色，带有浅的横纹。其最主要的特征，如果有果是最好识别的，如果没有则是树形和针叶的着生方式。

第三，用手摸、揉碎后嗅。如蜡梅，其最主要的识别特征是叶粗糙，对生；樟科、芸香科植物枝叶揉碎后具有特殊的香味；臭椿叶揉碎后有臭味。

第四，借助于检索表。

总之，识别时要掌握一个种最有代表性的，独有的特征，以个人各自的方式认识就行。

目 录

前 言

园林植物识别

总 论

总　论

一、以应用为目的进行园林植物分类

（一）分类的必要

地球上现存植物种类的数量，还没有完全确切的数字，有一项估计总数约为 30 万种，如果将真菌包括在内（粘菌蘑菇和毒菌），数目就是 45 万种[①]，就拿我国园林花卉植物资源看，可供观赏的种类超过万种[②]。种类如此之多，变化范围又大，要记载和记住每一个个体的特性是很不容易的，必须作一些归类和描述，这就有必要对它们进行分类。

古代学者起初依托物种的生活习性、药用、经济用途等来进行植物分类。

17 世纪以来世界上很多植物学家开始建立科学的自然分类系统的，注意运用植物的繁殖器官进行分类，形成了一系列的分类单位、分类原理和分类方法，建立了一些自然分类系统。特别是分类单位界、门、纲、目、科、属、种等，成为进行分类工作一直沿用的统一标准。

园林植物分类是植物分类的分支学科，除了遵循与植物分类相同之点外，在实际园林建设中，以应用为目的，逐步形成自己一套多种多样的分类法。

（二）以应用为目的进行分类

园林植物分类在植物分类基础上，根据园林建设中的需要，完全以应用为目的进行分类。分类方法和依据在各国学者、专家之间，既有相同之处，也有相异之点，有的分法较粗，也有的分法较细。不管根据多或少，粗或细，总的原则是应有利于园林绿化建设工作，更方便了设计需要。

现将园林植物应用中的分类法介绍如下：

1. 根据生长习性分类

（1）乔木类

为树高 6m 以上具有明显主干的直立树木。按其高度又可分为伟乔（高 > 30m）、大乔木（高 20 ~ 30m）、中乔木（高 10 ~ 20m）及小乔木（高 6 ~ 10m）。有必要还可分针叶乔木、阔叶乔木或常绿乔木和落叶乔木等。

（2）灌木类

通常指树高在 3m 以下，无明显主干的树木。灌木要细分有：地面枝条有的直立，为直立灌木，如绣线菊；有的拱垂为垂枝灌木，如连翘（*Forsythia suspensa*）、迎春（*Jasminum nudiflorum*）；亦有匍匐地面的，为匍匐灌木，如沙地柏（*Sabina vulgaris*）、兴安圆柏（*Sabina davurica*）；如在地面以下或近根颈处具多数分枝，则为丛生灌木，如小花溲疏（*Deutzia parviflora*）；如高度不超过 0.5m 为小灌木，如甸杜（*Chamaedaphne calyculata*），或地面枝条冬季枯死，翌年春重新萌发者为半灌木（或称亚灌木），如胡枝子（*Lespedeza potaninii*）。有必要还可把灌木分为常绿灌木和落叶灌木两类。

（3）藤蔓类

指地上部分不能直立生长，须攀附于其他支持物向上生长的植物。根据茎木质化程度分茎高度木质化藤本，如五味子（*Schisandra chinensis*）、紫藤（*Wisteria sinensis*）；非木质化或稍木质化为草质藤本，如茑萝（*Quamoclit pennata*）。在这两大类中又可根据其攀附方式不同，再分成下列几类：

缠绕类 用主枝缠绕他物者如紫藤、葛藤（*Pueraria lobata*）等；

钩刺类 用变态器官托叶刺攀援他物者，如刺南蛇藤（*Celastrus flagellaris*）；

卷须及叶攀类 用卷须及叶攀援他物者，如葡萄（*Vitis vinifera*）、大瓣铁线莲（*Clematis*

① C.Jeffrey. *An Introduction to Plant Taxonomy* (Second edition). Cambridge Univ. Press, London, 1982:6
② 中国科学院中国植物志编辑委员会. 中国植物志（第 1 卷）. 北京：科学出版社，2004:611

macropetala）等；

吸附类 靠吸附器官攀援他物者，吸附器官多不一样，如凌霄（*Campsis grandiflora*）借气生根吸附攀；爬山虎（*Parthenocissus tricuspidata*）靠卷顶端膨大的圆形吸盘攀援他物。

（4）草花类

这是一类在园林绿化建设中具有观赏价值的栽培或野生的草本花卉。根据全株寿命又分：

一、二年生草花 全株的寿命在一年内或跨年度结束。种子发芽后，在当年便开花结实，完成生命周期而枯死的为一年生草花，如种子发芽后，当年只进行营养生长至翌年春夏时才开花结实跨了两个年度才完成生命周期的为二年生草花。

多年生草花 又称宿根草花，即个体寿命超过两年，当年植株开花后，地上部分枯萎，根部不死，并能越冬，来年春季继续萌发生长，能多次开花结实。

球根草花 指多年生宿根草花中，植株的地下部分具有鳞茎的，如郁金香（*Tulipa gesneriana*）、风信子（*Hyacinthus orientalis*）；球茎，如仙客来（*Cyclamen persicum*）；块茎，如花叶芋（*Caladium bicolor*）；根茎，如玉簪（*Hosta plantaginea*）、鸢尾（*Iris tectorum*）和块根，如大理花（*Dahlia pinnata*）之分。

水生花卉 指终年生长在水中的草花植物。如荷花（*Nelumbo nucifera*）、睡莲（*Nymphaea tetragona*）和菱（*Trapa bispinosa*）等。

（5）草坪植物类

这是在园林绿化建设中具有美化环境、净化空气、调节气温、消减噪音、提供休闲和运动场所以及保持水土等多种功能的公共绿化的一类植物。最主要是按对气候条件的适应能力分暖季型和冷季型两类。

暖季型 也称夏型草坪草，适应的气温为 25～30℃，主要分布在长江流域及其以南的地区，如结缕草（*Zoysia japonica*）、狗牙根（*Cynodon dactylon*）和野牛草（*Buchloe dactyloides*）等。

冷季型 也称冬型草坪草。适应的气温为 15～25℃，主要分布在东北、西北及长江以北的北方地区，如草地早熟禾（*Poa pratensis*）、紫羊茅（*Festuca rubra*）和匍匐剪股颖（*Agrostis stolonifera*）等。

2. 根据植物对环境因子的要求和适应能力分类

植物生活的地面和空间称为环境。构成植物生活环境的因子称为环境因子。环境因子通常有气候因子（光照、温度、水分、大气）、土壤因子、地形因子、生物因子和人为因子等 5 类。

（1）根据植物对光照因子要求和适应能力分类

根据植物对光照因子的要求和适应能力（耐荫性差别），将植物分为喜光、耐荫和中等耐荫 3 类。

判断植物耐荫性的方法有两种，一是生理指标法，二是形态指标法。

①生理指标法是通过光合作用测定，确定光补偿点和光饱和点来判断，耐荫性植物光补偿点较低，一般仅 100～300Lx，光饱和点为 5000～1000Lx；喜光植物光补偿点较高为 1000Lx，光饱和点为 50000Lx 以上。但测定时需要综合考虑，因为光补偿和光饱和点常随植物的生长环境、生长发育状况以及生长部位有所改变。

②形态指标法是根据树木的外部形态来判

表 1 喜光性与耐荫性树种形态比较表

项 目	喜光性形态	耐荫性形态
树冠	树叶稀疏、透光	树叶浓密，透光度小
树干	自然整枝良好，枝下高长	自然整枝不良，枝下高短或无
树皮	通常较厚	通常较薄
叶	叶小而厚，落叶	叶大而薄，明显叶相嵌
林下天然更新	不良，常为单层林	良好，常为复层林

断树种的喜光性和耐荫性。其主要内容见下表。

（2）**根据植物对温度因子要求和适应能力分类**

根据植物对温度因子要求和适应能力分喜温、较喜温、较耐寒和耐寒 4 类。这 4 类植物在地理分布上大致与气候带一致。喜温植物生于热带，较喜温植物生于亚热带，较耐寒植物生于温带，耐寒植物生于寒带，故也分别称为热带植物、亚热带植物、温带植物和寒带植物。

（3）**根据植物对水分因子的要求和适应能力分类**

湿生类型　能在排水不良或土壤含水量经常处于饱和状态和环境下正常生长的植物。

旱生类型　能在干旱缺水的环境中正常生长发育的植物。

中生类型　介于湿生和旱生二者之间的大多数植物，它们喜生于土壤湿润、排水良好的环境。

（4）**根据植物对空气因子影响分类**

随着工业发展，城市空气中增加了多种有害气体。不同植物对有害气体反应不一样，有些植物对空气体抗性小，而另一些植物具有吸收某些有害气体的能力或称抗性强。

A. 对空气中有毒气体抗性强或较强的植物

①对二氧化硫抗性强或较强有：木芙蓉（*Hibiscus mutabilis*）、乌桕（*Sapium sebiferum*）、罗汉松（*Podocarpus macrophyllus*）、圆柏（*Sabina chinensis*）、龙柏（*Sabina chinensis* 'Kaizuka'）等。

②对氯化氢抗性强或较强者有一串红（*Salvia splendens*）、鸡冠花（*Celosia cristata*）、矮牵牛（*Petunca hybrida*）等。

③对氟化氢抗性强或较强者有皂荚、胡颓子（*Elaeagnus angustifolia*）、榆树（*Ulmus pumila*）、黄连木、白蜡、女贞、万寿菊（*Tagetes erecta*）等。

④对氯气有强或较强的抗性者有法国冬青（*Viburnum odoratissimum* var. *anabuki*）、槐树（*Sophora japonica*）、梓树（*Catalpa ovata*）等。

⑤对汞和氟有较强或强抗性者有法国冬青，蜡梅对汞有较强抗性。

⑥对硫化氢和二氧化氮有抗性强者有桑树（*Morus alba*）。

⑦对烟尘抗性强或较强者有构树（*Brousonelia papyrifera*）、臭椿、梓树等。

⑧抗风力强者树种有木麻黄（*Casuarina equisetifolia*）、槐树、枫香、重阳木（*Bischofia polycarpa*）等。

⑨能分泌杀菌素，净化空气树种有圆柏、侧柏（*Platycladus orientalis*）、松、柳杉（*Cryptomerio fortunei*）、冷杉（*Abies* spp.）、雪松（*Cedrus deodara*）、槐树、合欢（*Albizia julibrissin*）、臭椿、栾树（*Koelreuteria paniculata*）、桉树（*Eucalyptus* spp.）等。

B. 对空气中有毒气体抗性弱或敏感者

①对氯气抗性弱者有楝树（*Melia azedarach*）、黄栌（*Cotinus coggygria* var. *cinerea*），对氯化物敏感。

②对烟尘抗性弱者有喜树（*Camptotheca acuminata*）、凤凰木（*Delonix regia*）、桂花（*Osmanthus fragrans*）、樱花（*Cerasus serrulata*）、樱花不仅对烟尘抗性弱，对有害气体和海潮风抵抗力也较弱。

（5）**根据植物对土壤因子要求和适应能力分类**

根据植物对土壤因子要求和适应能力分喜酸性植物，耐盐碱性植物，中性土植物钙质土植物和随遇性植物。这些分类是根据植物对土壤酸碱度（pH 值）的要求和适应能力来分的。

A. 喜酸性植物（酸性土植物）　指能生长在土壤 pH 值 4.5～5.5 左右的植物，绝不能生长在钙质土和盐碱土上的植物。这类植物如杜鹃花属（Rhododendron spp.）、茶（Camellia sinensis）、油茶（Camellia oleifera）等。

B. 耐盐碱性植物（盐碱土植物）　指能生长在土壤 pH 值 8.0 以上（高含量 NaCl）的植物，如柽柳属（Tamarix spp.）、梭梭等。

C. 中性土植物　指在 pH 值为 6.5～7.5 生长最佳的种类，绝大多园林植物属于此类。

D. 钙质土植物（喜钙植物）　指能生长在土壤 pH 值为 7～8 钙质土上生长良好的植物。如侧柏、柏木（*Cupressus funebris*）、青檀（*Pteroceltis tatarinowii*）等。

E. 随遇植物 有些植物对土壤酸碱度要求不严，在盐碱土、酸性土、中性土、钙质土上均能生长，如楝树（*Melia azedarach*）、刺槐（*Robinia pseudoacacia*）和榆树（*Ulmus pumila*）等。

应该指出的是，植物对土壤的适应性有一定程度的可塑性，以上划分的类型，只是一般的归类，不包括自然界多种多样的变异情况。例如，刺槐在钙质土上生长最好，可列为喜钙树种，但它在酸性土、中性土、轻盐碱土上均能生长，又表现为随遇树种，在具体应用时都要综合考虑。

3. 根据植物的观赏特性分类

园林植物的观赏特性可分为精神和物质两大方面，精神方面是指欣赏植物的韵味，丰富多彩，寓言深长的意境美。物质方面是指观赏植物的千姿百态、鲜艳色彩、浓郁芬芳、变化多端的形式美，两者是不同的。

（1）精神方面

我国是诗的国度，历代诗人墨客以园林植物为题的诗章、绘画，浩如烟海，常见的表现形式有三：

A. 咏物言志

赋予不同种类植物不同"性格"，再和诗词、绘画等文学艺术作品，多方面渲染联系，结果便产生了园林植物"人格化"。例如"生来刚且直，巍巍风中立，不畏霜雪寒，更有凌云志，清廉兼有节，虚心人敬之，他日成良材，为人乐捐躯"的"咏竹"，来赞美人的刚强、正直、清白、虚心、有气节、壮志凌云、有乐于献身的高质品质。

B. 借物抒发情怀

盛唐时期伟大诗人王维以豆科植物相思子（据考证学名为 *Ormosia semicastrata Hance*）为题写了一首《相思》，这是家喻户晓的一首爱情诗，"红豆生南国，春来发几枝，愿君多采撷，此物最相思"，正是令人回味的很好例子。

C. 用生动形象比喻

例如唐朝贺知章的《咏柳》，"碧玉妆成一树高，万条垂下绿丝绦。不知细叶谁裁出，二月春风似剪刀。"作者用生动形象的比喻，把春天的柳树写得生气勃勃，使人能从这里感到春天的气息。

这些诗章千百年来为人们所传诵，是精神方面赋予人们非物质方面欣赏特点，也是植物文化的一部分。

（2）物质方面

指观赏植物的千姿百态、鲜艳色彩、浓郁芬芳、变化多端的形式美。具体可分为观形、观叶、观花、观果及观枝干等类。

A. 观形类

树形一般指树冠的类型，由干、茎、枝、叶所组成。园林树木的树形，在园林构图布局与主景创造等方面起着重要作用。目前园艺工作者还培养出许多优良的树形种类，还用人工修剪法修剪出各种优美的树形。常见具有形体及姿态有较高观赏价值可分为下面两类。

① 自然形——即树干自然形成的形态。有尖塔形、棕榈形、圆柱形、圆球形、扁球形、平顶形、伞形、卵形等。

② 雕琢形——用人工修剪的方法，可以改变树冠的自然形态。有圆球形、杯状形等。

B. 观叶类

它是指植物叶的色彩、形态、大小、质地等，有独特之处，可供观赏的一类植物。

C. 观花类

观花类植物是指花、花形、花香有较高观赏价值的一类植物。花的观赏时间虽较短，但观赏效果都是植物的其它观赏部位所无法比拟的。

D. 观果类

观果类植物是指具有较高观赏价值的一类植物，或果形奇特、色彩艳丽、果实巨大等。累累硕果挂满枝头，给人以美满丰盛的感觉。

E. 观树皮、枝、干类

观树皮、枝、干类指颜色鲜艳或形状特殊，具有观赏价值的一类植物。

4. 根据植物在园林中的用途分类

根据木本植物在园林中的主要用途可分下列几类：

（1）**独赏树** 可独立成景供观赏用的树木，主要展现的是树木的个体美，一般要求树体雄伟、高大，树形美观，或具独特的风姿，或具特殊的观赏价值，且寿命较长。

（2）**庭荫树** 主要是能形成大片绿荫供人

纳凉之用的树木。由于这类树木常用于庭院中，故称庭院树，一般树木高大，树冠宽阔，枝叶茂盛，无污染物。

（3）**行道树**　栽植在道路如公路、园路、街道等两侧，以遮荫、美化为目的乔木树种。

（4）**防护树**　主要指能从空气中吸收有毒气体，阻滞尘埃，防风固沙，保持水土的一类树种。

（5）**花灌类**　一般指观花、观果、观叶及其他观赏价值的灌木类的总称。这类树木在园林绿化中应用很广。

（6）**垂直绿化类**　是指绿化棚架、凉廊、栅栏、墙壁、拱门、灯柱、岩石、假山、坡面、篱垣等的藤本植物，包括木本和草本。也包括借助于吸盘、卷须、钩刺、茎蔓或吸附根等器官攀援或缠绕于他物生长的一类植物。

（7）**植篱类**　指在园林主要用于分隔空间、屏蔽视线、衬托景物等用的一类植物。一般要求树木枝叶密集，生长慢，耐修剪，耐密植，养护简单等。

（8）**地被类**　主要是指那些株形低矮、铺展力强、枝叶茂盛，能严密覆盖地面，可保持水土，防止扬尘，改善气候，并具有一定观赏价值的植物。

（9）**盆栽及造型类**　主要指盆栽用于观赏及制作树桩盆景的一类树木。树桩盆景类植物要求生长缓慢，枝叶细小，耐修剪，易造型，耐干瘠、易成活、寿命长等条件。

（10）**室内装饰类**　主要指那些耐荫性强，观赏价值高，常盆栽放置室内供观赏的植物。

此外，还有少数学者根据园林结合生产中的主要经济用途和施工及繁殖栽培管理的需要来分类。

二、以分类的结果指导应用

任何一项设计或工程，都要以科学作依据，第一章进行的分类，就是为指导园林绿化设计或工程的应用服务，也就是说，为它们的应用提供科学依据。

以分类的结果指导应用，主要包括树种选择和草花草坪植物选择两个方面。

（一）树种的选择

在园林绿化中，树木是重要材料之一，它既是园林绿化的主体，又是园林绿化水平能否提高的关键。因为城市园林绿化的多种功能与作用改善环境的功能、保护环境的功能、美化环境的功能等，主要是通过树木来完成。

1. 根据提供树种的形体特征进行选择

树种不同，其体形大小亦不相同。依形体特征，可分为乔木、灌木、藤蔓等类，就是在园林规划设计中依据不同的要求进行量材选择。例如，要选择独赏树，一般要选择树体雄伟、高大的乔木，树形美观，可独立成景，展现出树木的个体美，或具独特的风姿，或具特殊的观赏价值。

2. 根据提供树种的生态学特性进行选择

严格地说，是根据提供树种的生态学特性与当地的环境条件来选择相应的种类。这是由于树木长期生长在某种环境条件下，形成了对该种环境的要求和适应能力。例如在裸露、干燥、瘠薄的城市土地进行绿化，一定要选择那些喜光的、能耐干燥、瘠薄，适应性强的树种，这就是"适地适树"。

做到"适地适树"地选择树种，是保证绿化工作的开展，发挥绿化功能与作用的关键措施之一。

3. 根据提供的观赏特性进行选择

树种的观赏部位，如观形、观叶、观花、观果及枝干等是各不相同的，而且观赏的季节及时间的长短也有差异，可根据设计的不同要求进行树种选择。一年四季之中，植物总是有截然不同的观赏特征，例如，春天，枝叶吐绿，鲜花怒放；夏天绿叶葱茏，浓荫盖地；秋天叶色瞬美，果香色美；冬天雪压枝头，姿态万千，这些为美化城市环境提供了物质基础，使呆板的城市环境充满生机，只要经过精心选择，巧妙配置，都能美化环境，提高观赏价值。

为了园林绿化设计时能依其花期先后互相衔接，合理选择配植，特将书中遴选的花灌木依花期顺序归类成简表，以便参考（见附录）。

4. 根据提供在园林中的主要用途进行选择

前面提供了按树木在园林中的主要作用分出独赏树、庭荫树、行道树等10类树种，在园林规划设计中，可依据要求进行量材选择，同时要特别注意树种的配植，要根据树种自身的特性和生态关系，因地制宜做好树种的配植，这样更能发挥其观赏价值。例如，在开阔山坡、草坪、广场中心或巨石旁，选择一株形大体美、枝叶繁茂的独赏树，单株孤植，这样，能给人们以相当的艺术感染力，起到孤赏树的观赏效果。在庭园大门口两旁，将两株同一规格形大体美的树距中线同等距离对称栽植（对植），使人具有庄严、宏伟之感，还能起到夹景的作用，增强景物透视的纵深感。总之，在选择树种的同时，又重视树种的配植，更能发挥其观赏价值。

5. 根据充分开发利用绿化资源，发挥最大绿化功能的原则进行选择

这里包括两方面的内容，一是对上述提出的分类资源，要精心设计、合理利用，使其发挥最大的绿化功能。例如，在选择树种时，常绿与落叶，乔木与灌木，观花与观叶，速生与慢生等各种比例要搭配合理。二是在充分开发利用乡土园林绿化资源的同时，积极引进国内外已经应用而又适合本土栽培的绿化资源，以增加本地区的树种资源，装点园林，绿化城市。

（二）草花植物与草坪植物的选择
1. 草花植物的选择

草花植物是城市园林绿化中又一类重要的美化材料。在利用草花进行园林设计与栽植中，多是以花坛和花境等形式出现。

（1）花坛

花坛是花卉观赏利用的一种形式，即按照设计意图，将色彩艳丽，花期集中，植株高度整齐的一、二年花卉植物栽植在几何图形轮廓的植床内，运用花卉的群体效果来体现图案、纹样或观赏盛花时绚丽景观的一种花卉应用形式。花坛通常有盛花花坛和模纹花坛等式样，不同花坛的花卉选择和要求是不一样的。

盛花花坛 也称花丛花坛或集栽花坛，即将几种不同种类，不同高度及色彩的花卉栽植成花丛状。中间高、四周低，以供全方位观赏；或后高前低，供单方向观赏。

模纹花坛 植物材料以色彩鲜艳的各种矮生性草花为主，在平面或立面上用植物栽出各种图案、文字、纹样或艺术造型，以表现主题。选用的植物材料，要求植株低矮、耐修剪、易繁殖、色彩丰富，观叶或花和叶兼美的植物，北方城市常见的五色草（*Alternanthera bettzickiana*）花坛就属于这个范畴。

（2）花境

模拟自然界中林地边缘地带多种野生花卉交错生长的自然景观状态，运用艺术手法提炼、设计成一种花卉应用形式，可设置在公园、风景正街心绿地、家庭花园及林荫沿道路旁，使之形成花带。

根据植物选材，花境可分为宿根花卉花境、混合式花境和专类花卉花境。

宿根花卉花境 选择材料可全部由露地过冬的宿根花卉组成，管理相对较简便。

混合式花境 选择以耐寒的宿根花卉为主，配置少量花灌木，球根花卉或一二年生花卉。这种花境季相分明、色彩丰富，质感差异较大，这种形式在园林绿化中应用较多。

专类花卉花境 是由同一属不同种类或同一种不同品种的植物为主要种植材料的花境。选择专类花卉花境用的宿根花卉，要求花期、株形、花色等有较丰富的变化，从而体现花境的特点。如百合类花境、鸢尾类花境、郁金香花境、菊花花境等。

北方地区主要草花花期顺序见附录。

2. 草坪植物的选择

在园林绿化中，草坪植物是绿地景观中底色的应用，其植物素材应选择适应性较强、观赏期长、易于栽培管理的植物种类。北方地区，正如上述分类提出的，宜采用冷季型草坪草。如草地早熟禾，林地早熟禾，偃麦草，匍匐剪股颖、紫羊茅、黑麦草等。

各 论

一、银杏科

1　银杏（白果）　　　　　　　　*Ginkgo biloba* L.　　　　银杏科、银杏属

形态特征： 落叶乔木，高达 40m。树皮灰褐色，深纵裂。叶在长枝上螺旋状互生，在短枝上簇生，扇形，长枝上的叶先端常 2 裂，短枝上的叶先端波状，常不裂，叶柄长。雌雄异株，雄球花葇荑状，雌球花具长柄，顶端常分 2 叉生珠座，各生 1 胚珠。种子核果状，椭圆形或近球形，熟时桔黄色，被白粉，外种皮肉质，中种皮骨质白色，内种皮褐色，膜质。花期 3～4 月，种子成熟期 9～10 月。

地理分布： 浙江省有野生分布，沈阳以南，全国均有栽培。

主要习性： 喜光，颇耐寒，适应性颇强，耐干旱，不耐水涝，对空气污染有一定抗性。土壤以沙壤土和壤土为宜，pH 值为 4.5～8.5 均能生长，寿命长，可达 3000 年以上。

繁殖方法： 分蘖力强，播种、扦插、嫁接和分枝繁殖均可。播种繁殖种子要催芽。

应用范围： 树形雄伟苍劲，叶形奇特，树冠夏天浓荫，入秋满树鲜黄，颇为美观，观赏价值高，宜作行道树、遮荫树及园景树，特别作为独赏树。种子供食用或药用。材质优良，为珍贵用材树种。

二、松科

2　巴山冷杉　　　　　　　　　　*Abies fargesii* Franch.　　　　松科、冷杉属

形态特征： 常绿乔木，高达 40m。小枝具圆叶痕，1 年生小枝红褐色，无毛。叶条形，扁平，长 1～3cm，宽 2～4mm，顶端凹缺，螺旋状排列成假 2 列。球果圆柱形，长 5～8cm，径 3～4cm，熟时紫褐色，种鳞脱落；种鳞螺旋状排列，中部种鳞肾形或扇状肾形；苞鳞露出；每个种鳞具 2 带翅种子。花期 4～5 月，球果于当年 9～10 月成熟。

地理分布： 河南、陕西、甘肃。

主要习性： 耐荫，喜温，不耐晚霜，不耐干旱，适生于酸性土壤。

繁殖方法： 播种繁殖。

应用范围： 可选作城市园林绿化观赏树种，材可作造纸原料。

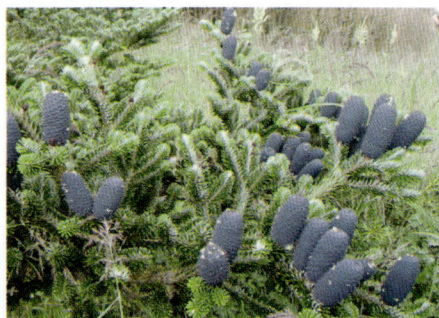

3　辽东冷杉（沙松）　　*Abies holophylla* Maxim.　　松科、冷杉属

形态特征：常绿乔木，高达 30m。1 年生枝淡灰黄色或淡黄褐色，无毛。叶条形，扁平，先端尖或渐尖，螺旋状排列成 2 列，脱落后枝上留有圆形叶痕。球果圆柱形，直立，熟时黄褐色或淡褐色，种鳞脱落；种鳞螺旋状排列。花期 4 ~ 5 月，果于当年 10 月成熟。

地理分布：黑龙江东部，吉林，辽宁东部，河北、北京有栽培。

主要习性：耐荫，耐寒，喜凉润气候及肥沃、湿润的酸性土，不耐高温及干燥。浅根系，抗烟尘能力较差。

繁殖方法：播种繁殖。

应用范围：可做行道树，更是良好的园景树。

4　西伯利亚冷杉（新疆冷杉）　　*Abies sibirica* Ledeb.　　松科、冷杉属

形态特征：常绿乔木，高达 35m。1 年生枝淡黄褐色，密被细毛，叶脱落后枝上留有圆形叶痕。叶条形，扁平，营养枝上先端凹缺，叶螺旋状排列成 2 列。球果圆柱形；直立，熟时种鳞脱落；种鳞螺旋状排列，中部种鳞扇状四边形，长大于宽，露出部分被柔毛；苞鳞短，不外露；每个种鳞具 2 带翅种子；种子倒卵形。花期 4 ~ 5 月，果于当年 9 ~ 10 月成熟。

地理分布：新疆。

主要习性：耐荫，极耐寒，喜生于深厚、肥沃、排水良好的酸性土壤。

繁殖方法：播种繁殖。

应用范围：可用作园林绿化及观赏树种。

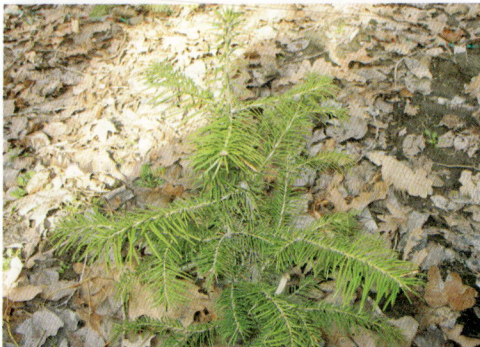

5　云杉　　　　　　　　　　　*Picea asperata* Mast.　　　松科、云杉属

形态特征: 常绿乔木,高达 40m。1 年生小枝黄褐色,常被白粉,被柔毛或无毛;叶枕粗壮。叶四棱针形,四面有气孔线。雄球花单生叶腋;雌球花单生于枝顶。球果圆柱形,熟时栗褐色;种鳞革质,不脱落,螺旋状排列,倒卵形,顶端圆。球果当年 10～11 月成熟。

地理分布: 陕西、甘肃、青海、四川。

主要习性: 较喜光,喜凉润气候及深厚而排水良好的酸性土壤,忌碱性土。

繁殖方法: 播种繁殖。

应用范围: 树形优美,宜作庭园观赏树。

6　红皮云杉　　　　　　　　*Picea koraiensis* Nakai　　　松科、云杉属

形态特征: 常绿乔木,高达 30m。小枝具叶枕;叶四棱状针形,螺旋状排列,先端尖,球果卵状圆柱形。花期 5～6 月,果熟期 10 月。

地理分布: 黑龙江、吉林、辽宁、内蒙古。

主要习性: 耐寒,稍耐荫,喜生于湿润土壤,浅根系,易风倒,不耐水淹,生长较快。

繁殖方法: 播种繁殖。播种前种子要进行催芽处理。采用条播,其播种量为 150～200g/10m²,全光育苗可以获得成功。

应用范围: 本种树冠尖塔形,终年翠绿,姿态优美。是优良的行道树、常绿绿篱和庭园观赏树种,也可以修剪成球形或模纹图案。北方地区可用红皮云杉作常绿绿篱树种。

7　白杆（白杆云杉）　　　*Picea meyeri* Rehd. et Wils.　　松科、云杉属

形态特征：常绿乔木，高达 30m，小枝被短绒毛，具叶枕。叶四棱针形，灰绿色，叶螺旋状排列，球果圆柱形。花期 5 月，果熟 9 月下旬至 10 月上旬。

地理分布：山西、河北、陕西等地。北京、河南，东北有栽培。

主要习性：幼树耐荫性强，喜较冷凉湿润气候，浅根系，喜湿而排水良好的稍酸性土壤。

繁殖方法：播种繁殖。播种前种子要进行催芽处理，采用床面条播，其播种量为 150 ～ 200g/10m^2。当年生苗高 3 ～ 6cm。

应用范围：树冠塔形，枝叶浓密，叶色灰白，下枝能长期存在，最适作行道树、绿篱或孤赏树，也可修成云杉球。

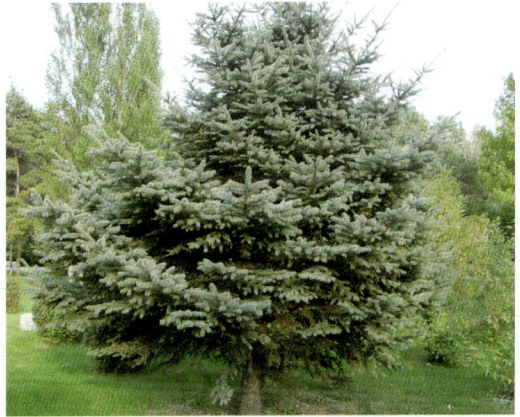

8　雪岭云杉　　　*Picea schrenkiana* Fisch. et Mey.　　松科、云杉属

形态特征：常绿乔木，高达 40m。树皮暗褐色，块状开裂。1 年生小枝淡黄色，有微毛或无毛。枝具叶枕。针叶四棱形，先端钝尖，叶表面每边具 5 ～ 8 条气孔线，背面每边具 4 ～ 6 条气孔线。球果圆柱形；种鳞螺旋状排列，倒三角形，顶端圆形；每个种鳞具 2 种子；种子斜卵形，具翅。花期 5 ～ 6 月，球果成熟 9 ～ 10 月。

地理分布：新疆。

主要习性：耐荫，浅根系，对水分条件要求较高，在天池周围生长良好，形成一片优美的风景林。

繁殖方法：播种繁殖。

应用范围：可选作城市园林绿化观赏树种。

9 青杆（青杆云杉）   *Picea wilsonii* Mast.   松科、云杉属

形态特征：常绿乔木，高达 40m。1 年生枝灰白色或淡黄灰色，无毛。具叶枕。叶四棱状针形，螺旋状排列。球果卵状圆柱形，熟时黄褐色。花期 4 月，果期 10 月。

地理分布：河北、山西、甘肃、陕西、青海、四川、湖北。

主要习性：喜光，稍耐荫，喜湿润、排水良好的酸性土壤。适应性强。

繁殖方法：播种繁殖。但要适当密播，当年生不间苗，苗期生长慢。

应用范围：枝叶繁密，树形优美，叶色蓝灰，别具一格，为庭园绿化树种。

10 兴安落叶松   *Larix gmelini* (Rupr.) Rupr.   松科、落叶松属

形态特征：落叶乔木，高达 30m。1 年生枝较细，淡黄色，无毛或散生长毛。叶在长枝上螺旋状散生，在短枝上簇生，条形，扁平，先端尖或钝。雌雄球花均单生于短枝顶端。球果杯状或椭圆形，花期 5 ~ 6 月，球果当年 9 ~ 10 月成熟。

地理分布：我国大、小兴安岭林区。

主要习性：极喜光，耐寒，生态幅度广，能适应各种环境，在原产地从低湿地、山坡至山顶瘠薄地均能生长，但以土层深厚、肥沃、排水良好的酸性土壤生长最好，速生。

繁殖方法：播种繁殖。种子经催芽后可采用条播，其播种量为 150g/10m^2 左右。当年生苗高 15 ~ 30cm。

应用范围：干直、冠大、叶茂，春季叶簇黄绿，入秋叶色变黄，雌球花常为红色，颇为美丽，可于各类园林绿地丛植或林植，在风景区成片栽植成纯林效果更佳。

11 日本落叶松　　　　　　　*Larix kaempferi* (Lamb.) Carr.　松科、落叶松属

形态特征：落叶乔木，高达 30m。小枝淡红褐色或淡褐色，被白粉，幼时有柔毛。叶在长枝上
　　　　　螺旋状散生，在短枝上簇生，条形，扁平。雌雄球花均单生于短枝顶端。球果卵圆
　　　　　形，长 2 ~ 3.5cm，径 1.8 ~ 2.8cm；种鳞 46 ~ 65 片，螺旋状排列，种鳞先端显
　　　　　著向外反曲，背面有疣状突起和短毛；每个种鳞具 2 带翅、倒卵形种子。花期 4 ~
　　　　　5 月，球果于当年 9 ~ 10 月成熟。

地理分布：原产日本。我国东北南部，河北、河南、山东、江西等地有栽培。

主要习性：喜光，喜凉爽气候、湿润、降水量多、土层深厚、肥沃的土壤。适应性较强。

繁殖方法：播种繁殖。

应用范围：为园林绿化、园景树及速生用材造林优良树种。

12 华北落叶松　　　　　*Larix principis-rupprechtii* Mayr.　松科、落叶松属

形态特征：落叶乔木，高达 30m。树皮灰褐色，不规则块片状开裂。1 年生枝粗壮，淡褐色，
　　　　　微被白粉。叶在长枝上螺旋状散生，在短枝上簇生，条形，扁平。雌雄球花均单
　　　　　生于短枝顶端。球果长卵形，种鳞 26 ~ 45 片，螺旋状排列，每个种鳞具 2 带翅种
　　　　　子。花期 4 ~ 5 月，球果于当年 9 ~ 10 月成熟。

地理分布：河北、山西等地。辽宁、内蒙古、山东、陕西、甘肃、宁夏、新疆有栽培。

主要习性：极喜光，较耐寒，适应性强。速生。

繁殖方法：播种繁殖。

应用范围：干直、冠大、叶茂，春季叶簇黄绿，入秋叶色变黄，雌球花常为红色，颇为美丽，
　　　　　可于各类园林绿地丛植或林植，在风景区成片栽植成纯林效果更佳。

13 西伯利亚落叶松（新疆落叶松） *Larix sibirica* Ledeb. 松科、落叶松属

形态特征：落叶乔木，高达 40m。树皮棕褐色，龟裂。树冠圆锥形。大枝平展，1 年生枝淡黄色，无毛。叶在长枝上螺旋状散生，在短枝上簇生，条形，扁平。雌雄球花均单生于短枝顶端。球果卵圆或长卵圆形；种鳞 26 片以上，螺旋状排列，褐色微带紫色，背面密生绒毛；每个种鳞具 2 带翅种子。花期 5 月，球果于当年 10 月成熟。

地理分布：新疆。

主要习性：喜光，抗寒，抗旱，耐烟尘，对土壤要求不高，但以深厚、湿润，含石灰质的土壤为最好。速生。

繁殖方法：播种繁殖。

应用范围：可引栽作城市园林绿化及观赏树种。

14 雪松 *Cedrus deodara* (Roxb.) Loud. 松科、雪松属

形态特征：常绿乔木，在原产地高达 60m。树皮深灰色，不规则鳞片状开裂。1 年生枝微有白粉及短柔毛。叶三棱针形，灰绿色，在长枝上螺旋状互生，在短枝上呈簇生状。雌雄球花均单生于短枝顶端。球果卵圆形或宽椭圆形，种鳞螺旋状排列，熟时脱落花期 10～11 月，球果翌年 10 月成熟。

地理分布：原产喜马拉雅山西部。大连、青岛、北京、西安、郑州等地以及长江流域各大城市有栽培。

主要习性：喜光，幼年稍耐庇荫，喜温暖不耐严寒，喜深厚、肥沃土壤，不耐积水。幼叶对二氧化硫和氟化氢极为敏感，可作大气污染监测植物。

繁殖方法：扦插或播种繁殖。

应用范围：树姿优美，叶色终年苍绿，是珍贵的城市绿化和观赏树种，是世界著名五大庭园观赏树之一。

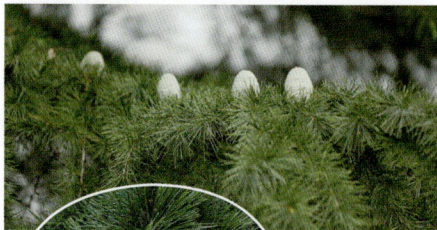

15 华山松　　　　*Pinus armandii* Franch.　　　松科、松属

形态特征：常绿乔木，高达 35m。幼树树皮灰绿色，平滑，老树灰褐色，龟甲状开裂。1 年生枝无毛，灰绿色。针叶 5 针 1 束，长 8 ~ 15cm，较细软，叶鞘早落。球果圆锥状长卵形，长 10 ~ 20cm，种鳞螺旋状排列，先端不反曲，鳞脐位于种鳞顶端，每个种鳞具 2 种子；成熟时种鳞张开，种子脱落；种子倒卵形，长约 1.5cm，无翅。花期 4 ~ 5 月，翌年 9 ~ 10 月果熟。

地理分布：江西、陕西、甘肃、青海、西藏、四川、湖北、云南、贵州、台湾等地。

主要习性：喜光，幼苗需适当遮荫，喜温凉湿润气候及深厚、肥沃、排水良好的土壤。浅根性。

繁殖方法：播种繁殖。

应用范围：树形优美，叶色翠绿，宜作园景树，栽于公园、庭园观赏。

16 白皮松　　　　*Pinus bungeana* Zucc. ex Endl.　　　松科、松属

形态特征：常绿乔木，高达 30m。幼树树皮灰绿色，大树树皮白色，不规则薄片状剥落后留下黄白色斑块。1 年生枝灰绿色，无毛。针叶 3 针 1 束，长 5 ~ 10cm，叶鞘早落。球果卵圆形，长 5 ~ 7cm，径 4 ~ 6cm，种鳞螺旋状排列，鳞盾肥厚，鳞脐背生，具刺。每个种鳞具 2 种子；种子倒卵形，长约 5mm，顶端具短翅。花期 4 ~ 5 月，球果翌年 9 ~ 10 月成熟。

地理分布：山东、江西、河北、陕西、河南、甘肃、湖北、四川等地。

主要习性：喜光，幼树较耐荫，适干冷气候，较耐寒，能耐 -30℃ 低温，耐干旱，耐瘠薄土壤和轻盐碱，对二氧化硫及烟尘抗性强。

繁殖方法：播种繁殖。

应用范围：本种树形优美，树皮常具黄白色斑痕，为珍贵庭园观赏树，也可作黄土高原水土保持树种。

17 红松 — *Pinus koraiensis* Sieb. et Zucc. — 松科、松属

形态特征：常绿乔木，高达 35m。树皮红褐色或灰褐色，不规则长方鳞片状开裂。1 年生枝密被红褐色柔毛。针叶 5 针 1 束，球果卵状圆锥形，成熟后种鳞不张开，种鳞螺旋状排列，顶端反曲，鳞脐顶生，种子倒卵状三角形。花期 6 月下旬，球果翌年 9 月下旬成熟。

地理分布：黑龙江、吉林、辽宁。

主要习性：喜光，耐寒，喜深厚、肥沃、排水良好的微酸性土壤。

繁殖方法：播种繁殖。种皮厚、坚硬，播种前种子需要进行催芽处理。播种量为 5kg/10m^2 左右。园林绿化中宜带土移植大苗栽植。

应用范围：本种树干通直，枝叶秀丽，冠大荫浓，宜作园景树，栽于庭园观赏。

18 樟子松 — *Pinus sylvestris* var. *mongolica* Litvin. — 松科、松属

形态特征：常绿乔木，高 25 ~ 30cm。树皮灰褐色，鳞块状开裂，上部皮虎皮色，光滑。叶针形，2 针 1 束，常扭曲。球果长卵形，鳞盾斜方形，鳞脐呈瘤状突起。花期 5 ~ 6 月，球果成熟期翌年 9 ~ 10 月。

地理分布：大兴安岭及海拉尔以西以南地区。

主要习性：喜光，耐寒，能耐 -40℃ 至 -50℃ 低温，耐旱，耐瘠薄土壤，适应性强。在轻盐碱土、风积沙土、砾质粗沙土、沙壤、黑钙土、栗钙土、淋溶黑土、白浆土上都能生长。

繁殖方法：播种繁殖。播种前种子要进行催芽处理，以便达到出苗齐、苗壮和增强抗病能力。采用床面条播，其播种量为 100 ~ 200g/10m^2 左右。

应用范围：本种苍翠挺拔，在北方有些城市园林绿化中常植为行道树、庭园树及厂区绿化树种。又为荒山、荒地、沙荒造林树种。

19　油松　　　*Pinus tabulaeformis* Carr.　　　松科、松属

形态特征：常绿乔木，高达 25m。树皮深灰褐
色，鳞片状剥落。老年树冠常平顶。
冬芽褐色。针叶 2 针 1 束，较粗硬。
球果卵圆形，种鳞螺肥厚，鳞盾
降起，鳞脐有刺，花期 4～5 月，
球果翌年 10 月成熟。

地理分布：吉林、辽宁、内蒙古、河北、河南、
山西、陕西、山东、甘肃、青海、
宁夏、四川北部。

主要习性：喜光，喜温凉气候，能耐 −30℃的
低温，不适宜高温气候。耐干旱瘠
薄土壤，不耐水涝，对土壤适应范
围广，中性土、酸性土、钙质土均
能生长。

繁殖方法：播种繁殖。

应用范围：本种树形优美，苍劲古雅，为优良
的庭园观赏树。也是华北、西北荒山造林的主要树种。

常见变种：**黑皮油松**（黑松）*Pinus tabulaeformis* Carr. var. *mukdensis* Uyeki.

三、杉科

20　水杉　　　*Metaseguoia glyptostroboides* Hu et Cheng　　　杉科、水杉属

形态特征：落叶乔木，高达 35m。树皮灰褐色，长条
状剥裂。叶条形，扁平，柔软，对生，呈
羽状排列，冬季与无芽小枝一起脱落。雄
球花单生叶腋或枝顶，雌球花单生于去
年生枝顶或近枝顶。球果近球形，具长梗；
种鳞交互对生，木质，盾形，顶端扁菱形，
中部有一凹槽；边缘有不规则细齿；种
子倒卵形，扁平，两侧具翅。花期 2～3
月，果期 10～11 月。

地理分布：湖北、四川、湖南，辽宁南部以南地区有
栽培。

主要习性：喜光，喜温暖湿润气候，但有一定的耐寒
性。适生于深厚、湿润、肥沃的土壤。在
酸性、石灰性及轻盐碱土上也能生长。

繁殖方法：播种或扦插繁殖。

应用范围：本种树姿优美，秋叶变黄，宜作城市园林
绿化树种。

四、柏科

21 侧柏
Platycladus orientalis (L.) Franco 柏科、侧柏属

形态特征：常绿乔木，高达 20m。连叶小枝排成平面竖直排列；叶鳞片状对生，先端钝，背面中部有条形腺槽。雌雄同株；雄球花有 6 对雄蕊；雌球花具 4 对珠鳞，仅中间两对珠鳞各具 2 枚胚珠。球果卵形，熟时张开。花期 2～3 月，球果当年 10 月成熟。

地理分布：内蒙古、河北、山东、山西、河南、陕西、甘肃等地，栽培遍布全国。

主要习性：喜光，耐干旱，耐瘠薄土壤和盐碱土，不耐水淹，为喜钙树种，常生于石灰岩山地，对温度适应范围广，能适应干冷气候，也能在温暖气候条件下生长。耐修剪，寿命长，萌芽力强。

繁殖方法：播种繁殖。播种前种子要进行催芽处理。垄播或床播均可。采用垄播，其播种量为 150kg/hm^2，采用床播，其播种量为 0.3kg/10m^2 左右。当年生苗高 15～20cm。东北地区 1～2 年生苗木需防寒。

应用范围：幼树耐修剪，在园林绿化中多作绿篱，是北方地区优良的常绿绿篱树种，也可植为行道树及庭园观赏。

22 圆柏（桧柏）
Sabina chinensis (L.) Ant. 柏科、圆柏属

形态特征：常绿乔木，高达 30m。树皮灰褐色，长条状开裂。具二型叶；幼树和萌枝具刺形叶，3 叶轮生，壮龄树具鳞形叶，对生，球果近球形，褐色，被白粉。花期 3～4 月，果期翌年 4～9 月。

地理分布：内蒙古、河北、山东、山西、河南、陕西等地。

主要习性：喜光，幼树耐庇荫，喜温凉气候，较耐寒，适肥厚湿润沙质壤土，忌水湿，萌芽力强，耐修剪，寿命长，抗二氧化硫能力强。

繁殖方法：播种、扦插或压条繁殖。采用床面条播，其播种量为 1.5kg/10m^2 左右。当年生苗高 10～20cm。本种附近不宜栽植苹果、梨等，因圆柏为梨赤星病的转株寄主，容易引起果树发生赤星病。

应用范围：本种树形优美，耐修剪，易整形，为园林绿化及观赏优良树种，可用于行道树、园景树及绿篱等，也是优良用材树种。

常见栽培变种有：

龙柏 *Sabina chinensis* 'Kaizuca'
塔柏 *Sabina chinensis* 'Pyramidalis'
鹿角桧 *Sabina chinensis* 'Pfitzeriana'
丹东桧 *Sabina chinensis* 'Dandong'
金星球桧 *Sabina chinensis* 'Aureoglobosa'

| 23 | 铺地柏（爬地柏、偃柏） | *Sabina procumbens* (Endl.) Iwata et Kusaka | 柏科、圆柏属 |

形态特征：常绿匍匐灌木，冠幅达 2m，贴近地面伏生。叶多为刺形，3 叶轮生，先端渐尖，基部下延，叶上面有凹槽。球果扁球形，熟时黑色，被白粉，内含种子 2 ~ 3 粒。花期 6 月，果期 8 月。

地理分布：原产日本。北京、天津、山东、河南、上海、南京、杭州、庐山植物园有栽培。

主要习性：喜光，喜石灰质的肥沃土壤，能在干燥的沙地上良好生长，但不宜低湿地生长。

繁殖方法：扦插繁殖，使用生根激素（萘乙酸 100ml/L）扦插后 40 ~ 50 天便可开始生根，也可用播种繁殖。

应用范围：我国各地园林绿地中常见栽培，为地被植物和护坡的好材料，也可制作盆景。

| 24 | 沙地柏（叉子圆柏、新疆圆柏、天山圆柏） | *Sabina vulgaris* Ant. | 柏科、圆柏属 |

形态特征：常绿匍匐灌木，具二型叶，鳞叶交互对生，斜方形或菱状卵形，腺槽位于叶下面中部，刺形叶 3 叶轮生。球果倒卵圆形，熟时蓝黑色，被白粉，内含种子 3 ~ 5，通常为 3。

地理分布：新疆、陕西、甘肃、宁夏、青海。

主要习性：耐旱性强，常生于石山坡、沙地及林下。

繁殖方法：扦插或种子繁殖。

应用范围：北方城市常见有引种栽培。可作为园林绿化中的护坡、地被及固沙树种。

| 25 | 西伯利亚刺柏（高山桧） | *Juniperus sibirica* Burgsd. | 柏科、刺柏属 |

形态特征：常绿直立或匍匐灌木，高 30～50cm。枝密集。刺状叶 3 叶轮生，镰刀状弯曲，断面新月形，上面无绿色中脉，有 1 条白色气孔线。球果翌年成熟，稀第 3 年成熟，熟时黑褐色，初白粉，花期 6 月。

地理分布：黑龙江大兴安岭、吉林、新疆、西藏等地。

主要习性：喜光，耐寒，耐旱，常生于干燥多石山坡。

繁殖方法：扦插或种子繁殖。扦插使用生根激素（萘乙酸 100ml/L）插后 70～90 天后生根率达 90%以上。播种繁殖前种子要催芽处理。可获得良好的发芽势，或将种子沙藏 1 年后播种，可使发芽整齐。

应用范围：可作各类型绿地中的点景、护坡、地被及固沙。

| 26 | 杜松 | *Juniperus rigida* Sieb. et Zucc. | 柏科、刺柏属 |

形态特征：小乔木，高达 10m；幼时树冠窄塔形，后变圆锥形。刺叶针形坚硬而长，正面有一条白粉带在深槽内，背面有明显纵脊。

地理分布：黑龙江、吉林、辽宁、内蒙古、河北、山西、陕西、甘肃、宁夏等地。

主要习性：喜光，耐寒，耐干旱瘠薄，适应性强；生长较慢。

繁殖方法：可播种及扦插法繁殖，播前种子应行预措，每千克约 7 万粒。

应用范围：树形优美，宜作园林绿化及观赏树，也可栽作盆景及绿篱材料。

五、红豆杉科

27 东北红豆杉（紫杉）　*Taxus cuspidata* Sieb. et Zucc.　红豆杉科、红豆杉属

形态特征：常绿乔木，高达 20m。树皮红褐色，有浅裂纹。
叶螺旋状互生，排成 2 列；条形，直或微弯，
基部近圆形，叶背面中脉两侧具 2 条灰绿色气
孔带，中脉上无乳头状突起。种子卵圆形，着
生于杯状肉质红色假种皮上。花期 5～6 月，
果期 10 月。

地理分布：黑龙江东南部、吉林及长白地区。

主要习性：耐荫，抗寒。喜生于土壤疏松、肥沃、排水良
好的酸性土或中性土上，忌积水或沼泽地。浅
根系，侧根发达。

繁殖方法：播种或扦插繁殖。播种前种子要进行催芽处理。
采用床面条播，其播种量为 1.5kg/10m² 左右。
生长慢，当年苗高 5～10cm。

应用范围：本种树叶苍翠，树形优美，是优良庭园绿化观
赏树种，还可用于园林造型、绿篱和盆景桩头。
树皮、枝、叶含紫杉素和紫杉油精，供医药用。

六、胡桃科

28 核桃（胡桃）　*Juglans regia* L.　胡桃科、胡桃属

形态特征：落叶乔木，高达 30m。树皮灰白色，纵裂。小枝粗壮，片
状髓。1 回奇数羽状复叶互生。复叶长 25～30cm；小叶
5～9，全缘，下面脉腋有簇毛。雄葇荑花序长 5～10cm。
核果球形，成对和单生，无毛，果核有两条纵棱。花期 4～5
月，果期 9～10 月。

地理分布：新疆、西藏有野生。辽宁南部以南地区多栽培。

主要习性：喜光，喜温凉气候，不耐湿热，能耐－25℃低温，年平均
温度 8～10℃，年降雨量 400～1200mm 的地区均能栽培。
对土壤要求不严，喜深厚、湿润、肥沃、排水良好的沙
壤土，不耐盐碱和水涝。深根系，生长较快，寿命长。

繁殖方法：播种或嫁接繁殖。播种前种子要进行催芽处理。垄播与床
播均可，采用垄播，其播种量为 100～150kg/亩 *。

应用范围：是重要木本油料及用材树种。种仁富含多种维生素、蛋白
质及脂肪，营养丰富，可生吃或作糕点；树皮、果壳可提
栲胶。本种树冠庞大，枝叶繁茂，叶大浓荫，在园林绿化
中可栽作行道树及遮荫树。

---

* 1hm² = 15 亩

| 29 枫杨（麻柳） | *Pterocarya stenoptera* C. DC. | 胡桃科、枫杨属 |

形态特征：落叶乔木，高达 30m。树皮灰褐色，纵裂。小枝髓心片状，裸芽具柄。奇数羽状复
叶互生，顶端小叶常不发达而成偶数羽状复叶，小叶 10 ~ 16，长圆形，叶缘具锯齿，
复叶轴具窄翅。雄花葇荑花序单生。坚果具 2 翅，果序下垂。花期 4 月，果期 8 ~ 9 月。

地理分布：广布于我国华北、华中、华南和西南各省，在长江流域和淮河流域最为常见，吉林、
辽宁南部有栽培。朝鲜亦有分布。

主要习性：喜光，对气候适应性强，但不耐严寒，喜水湿，常生于水边，对土壤要求不严，但
以沙质壤土最为适宜。侧根发达，萌芽性强，生长快。

繁殖方法：播种繁殖。

应用范围：树冠开展，枝叶茂密，适应性强，生长较快。宜行道树、风景区绿化树、四旁树、
庭荫树等。根系发达，较耐水湿，也常植为固堤护岸林、防风林等。

七、杨柳科

| 30 银白杨 | *Populus alba* L. | 杨柳科、杨属 |

形态特征：落叶乔木，高 15 ~ 30m。树冠宽阔，树皮白色至灰白色。小枝被白绒毛。萌枝和
长枝上叶片宽卵形，掌状 3 ~ 5 浅裂，幼时两面被毛，后仅下面被毛；短枝上叶片
卵圆形或椭圆形叶缘具不规则齿牙；叶柄被白绒毛。雄葇荑花序，蒴果圆锥形，2
瓣裂。花期 4 ~ 5 月，果期 5 ~ 6 月。

地理分布：新疆有野生天然林分布，西北、华北、辽宁南部及西藏有栽培。

主要习性：喜光，喜湿润、肥沃、排水良好的沙壤土；耐寒、稍耐盐碱，不耐庇荫、干旱的贫
瘠土壤。深根系，萌芽力强，抗风力强。

繁殖方法：播种、扦插、插杆繁殖。

应用范围：是西北地区平原及沙荒地造林树种；也可栽作行道树或园景树。

31 新疆杨   *Populus alba* var. *pyramidalis* Bunge   杨柳科、杨属

形态特征： 落叶乔木，高达30m。枝直立向上，形成圆柱形树冠，干皮灰绿色光滑。短枝上的叶近圆形，有缺刻状锯齿，长枝上的叶，边缘缺刻较深或掌状深裂，下面被白色绒毛。

本种与银白杨近似，主要区别在与枝条直立向上形成或圆锥形树冠。

地理分布： 原产中亚，我国南北各省（自治区）多引种，以新疆最多。

主要习性： 喜光，耐干旱，耐盐渍。适应大陆性气候，在高温多雨地区生长不良。根系深，萌芽力强，生长快，对烟尘有一定抗性。

繁殖方法： 扦插繁殖。

应用范围： 为优美园景树，宜作行道树和庭园绿化树种。我国北方各省区普遍引栽，以新疆为最普遍。

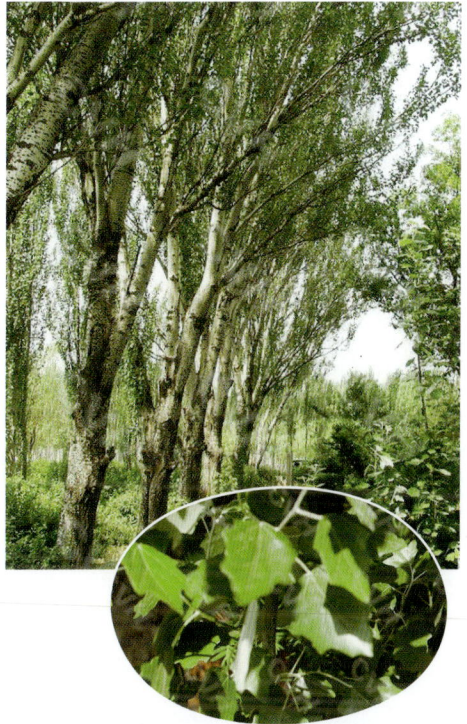

32 加杨   *Populus* × *canadensis* Moeneh.   杨柳科、杨属

形态特征： 落叶乔木，高20～30m。树冠宽阔。树皮灰褐色至暗灰色，纵裂。萌发枝具棱，芽大，富粘质。叶片三角形或三角状宽卵形，先端渐尖，基部截形，叶缘半透明，具圆钝齿和睫毛；叶柄侧扁。雄花序长7～15cm，无毛；雌花柱头4裂。蒴果卵圆形，2～3瓣裂。花期4月，果期5～6月。

地理分布： 我国各地普遍栽培，以华北、东北及长江流域最多。

主要习性： 喜光，喜温凉气候及湿润土壤，也能适应暖热气候。耐水湿和轻盐碱土；生长快。

繁殖方法： 扦插繁殖，极易成活。

应用范围： 为北方地区常见绿化树种，常作行道树及防护林树种。

33 胡杨   *Populus euphratica Oliver*   杨柳科、杨属

形态特征：落叶乔木，高达 25m。树皮灰褐色，深条裂。具长短枝。单叶互生，在短枝上簇生，叶形多变化，苗期和萌发枝叶披针形或条状披针形，全缘或具疏波状齿；短枝上叶宽卵形，三角状卵形或肾形，先端具粗齿牙。雄葇荑花序有花 25～28 朵；雌葇荑花序有花 20～30 朵。蒴果 2 瓣裂。花期 5 月，果期 7～8 月。

地理分布：新疆、宁夏、甘肃、青海、内蒙古。

主要习性：喜光，抗盐、抗旱、抗寒、抗风，根萌蘖性强，常生于荒漠、河流沿岸。

繁殖方法：播种繁殖。

应用范围：本种为园林绿化良好树种，宜栽作行道树。也是西北沙荒碱地的造林树种。

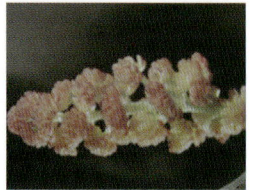

34 箭杆杨   *Populus nigra var. thevestina (Dode) Bean.*   杨柳科、杨属

形态特征：落叶乔木。树冠窄圆柱形，树干通直；树皮灰白或灰绿色，光滑，老时基部稍裂。叶形变化较大，一般为三角状卵形至菱状卵形，长大于宽，先端渐尖，基部楔形至近圆形。

地理分布：我国北方地区多栽培。

主要习性：喜光，耐寒，抗大气干旱，稍耐盐碱。

繁殖方法：扦插繁殖。

应用范围：树形美观，深受西北地区群众欢迎。多作行道树，公路两旁绿化，农田防护林及田旁绿化树种。

35　钻天杨

Populus nigra var italica (Muench.) Koehne　　杨柳科、杨属

形态特征：落叶乔木，高30m。树冠圆柱形，树干通直。树皮暗灰色纵裂。侧枝成锐角开展。长枝上叶片扁三角形或菱状三角形，宽大于长，短枝上叶片菱状卵形，叶柄扁。

地理分布：我国各地均有栽培。

主要习性：喜光，耐寒，耐旱，稍耐盐碱和水湿。生长速度快。

繁殖方法：扦插繁殖。

应用范围：树形优美，宜作行道树、防护林及风景林树种。

36　小叶杨

Populus simonii Carr.　　杨柳科、杨属

形态特征：落叶乔木，高1～20m。萌发枝和小枝有棱，无毛。叶片菱状卵形或菱状倒卵形，中部以上最宽，基部楔形，叶缘细锯齿，下面灰绿色，无毛；叶柄圆筒形。荑荑花序，蒴果无毛。花期3～5月，果期4～6月。

地理分布：产东北、华北、西北、西南、华中，新疆有引种。

主要习性：喜光，喜深厚、湿润、肥沃的栗钙土壤，耐寒，耐旱，耐弱碱性土壤。根系发达，抗风力强。

繁殖方法：播种、插条、插干繁殖。

应用范围：用作行道树、庭荫树、公路绿化及风景林树种。

| 37 | 毛白杨 | *Populus tomentosa* Carr. | 杨柳科、杨属 |

形态特征：落叶乔木，高达 30m。树冠宽卵形。树皮灰绿色至灰白色，老树灰褐色，深纵裂。嫩枝初被柔毛，后变无毛。长枝叶宽卵形和三角状卵形，叶缘深齿牙，幼叶下面密被绒毛，后渐脱落；叶柄侧扁。葇荑花序。蒴果圆锥形，2 瓣裂。花期 3 月，果期 4～5 月。

地理分布：辽宁、河北、山东、山西、河南、陕西、甘肃、安徽、江苏、浙江。

主要习性：喜温凉气候，适生于肥厚而排水良好的土壤，抗烟尘及有毒气体。深根系，根萌蘗性强，生长快，寿命较长。

繁殖方法：扦插较难生根，故多用埋条繁殖。

应用范围：宜作行道树、遮荫树、防护林及用材林树种。

| 38 | 欧洲山杨 | *Populus tremula* L. | 杨柳科、杨属 |

形态特征：落叶乔木，高 10～20m。树冠卵形，枝叶稀疏；树皮灰绿色，平滑，基部微粗糙。具长短枝。萌枝及长枝上叶较大，三角状卵形，互生；短枝上叶簇生，近圆形，先端钝圆，基部圆形或浅心形，叶缘具疏波状深齿或钝圆齿，两面无毛；叶柄侧扁。雄柔荑花序长 5～8cm；雌柔荑花序。花盘具长柄。蒴果圆锥形，2 瓣裂。花期 4 月，果期 5 月。

地理分布：新疆天山和阿尔泰山。

主要习性：喜光，耐寒，耐干旱瘠薄土壤，对土壤要求不严，根萌蘗性强。

繁殖方法：播种或根蘗繁殖。

应用范围：宜作园景树。

39 垂柳   *Salix babylonica* L.   杨柳科、柳属

形态特征：落叶乔木，高 10～20mm。枝条细柔下垂，无毛，淡褐色。单叶互生，叶片披针形，叶缘有细锯齿。花先叶或与叶同时开放；葇荑花序。花期 3～4 月，果期 4～5 月。

地理分布：产长江及黄河流域，各国各地均有栽培。

主要习性：喜光，喜水湿，耐水淹，也耐干旱，生长快，适应性强。对有毒气体抗性较强，并能吸收二氧化硫。

繁殖方法：播种或扦插繁殖。由于种子育苗后枝条不再下垂，故目前多采用大地扦插育苗方法。采用培育雄株，以解决飞絮问题。

应用范围：枝条下垂，树姿优美，为园林观赏重要树种。对有毒气体抗性较强，并能吸收二氧化碳。宜栽作行道树、四旁绿化和工矿区绿化树种。

40 旱柳   *Salix matsudana* Koidz.   杨柳科、杨属

形态特征：落叶乔木，高 20m。枝斜展，1 年生枝淡褐黄色或带绿色。单叶互生，叶片披针形，叶缘具细腺齿，下面苞白幼时有丝状柔毛。花与叶同时开放。葇荑花序。花期 4 月上旬，果期 4～5 月。

地理分布：黑龙江、吉林、辽宁、华北、西北等地。

主要习性：喜光，耐寒，对土壤要求不严，以湿润而排水良好的土壤生长最好。根系发达，抗风力强，生长快，抗二氧化硫、氯气及有毒气体，亦耐烟尘。

繁殖方法：播种或扦插繁殖。极易成活，在扦插育苗时应选雄株，以解决飞絮问题。

应用范围：本种为北方城乡绿化的好树种，可作行道树、遮荫树、防风林、工矿区绿化等用。

常见栽培变种有：绦柳 *Salix matsudana* 'Pendula'

                       龙须柳（龙爪柳）*Salix matsudana* 'Tortuosa'

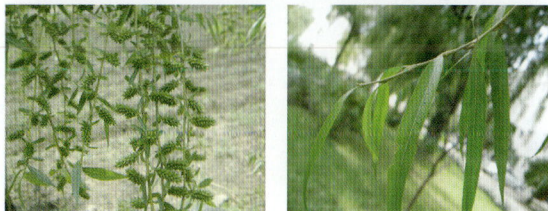

八、桦木科

41 白桦 | *Betula platyphylla* Suk. | 桦木科、桦木属

形态特征：落叶乔木，高 20 ～ 25m。树皮粉白色，纸状剥裂。小枝红褐色，无毛。单叶互生；叶片三角状卵形，叶缘重锯齿，侧脉 5 ～ 8 对。雄葇荑花序 2 ～ 3 个簇生，雌葇荑花序单生，小坚果两侧具膜质翅。花期 4 ～ 5 月，果期 8 ～ 9 月。

地理分布：黑龙江、吉林、辽宁、内蒙古、华北、西北、四川、云南、西藏。

主要习性：喜光，耐寒，能耐 −50℃低温，喜酸性土壤，在干旱阳坡、湿润阴坡以及沼泽地均能生长。萌芽力强。

繁殖方法：播种繁殖。

应用范围：树皮光滑洁白，树姿优美，秋叶变黄，宜栽作行道树和园景树。

42 天山桦 | *Betula tianschanica* Rupr. | 桦木科、桦木属

形态特征：落叶乔木，高达 12m。树皮淡黄褐色，纸片状剥裂。单叶互生；叶片卵状菱形，叶缘重锯齿，侧脉 4 ～ 6 对。果序单生；果苞长 4 ～ 5mm，两面有短柔毛，成熟时脱落，中裂片三角形或长圆形，侧裂片半圆形或长圆形，微开展或斜展；果翅较果宽或近等宽。花期 5 ～ 6 月，果期 8 ～ 9 月。

地理分布：新疆天山。

主要习性：喜光，耐寒，常生于林缘、疏林或混交林中。

繁殖方法：播种繁殖。

应用范围：宜引植于园林绿地观赏。

43 垂枝桦

Betula pendula Roth.   桦木科、桦木属

形态特征：落叶乔木，高达 25m。树皮灰白或淡黄褐色。小枝红褐色，无毛，常下垂。单叶互生；叶片三角状卵形或菱状卵形，先端渐尖，基部宽楔形，叶缘重锯齿，侧脉 6～8 对，无毛。雌雄花序均为柔荑花序，雄花序 2～3 簇生，每苞片内有 3 朵雄花；雌花序单生，每苞片内有 3 朵雌花。果序长 2～4cm；果苞长 5～7mm，成熟时脱落，中裂片三角形，侧裂片卵形，较中裂片稍宽；小坚果两侧具膜质翅，翅较果宽 1 倍。花期 4～5 月，果期 7～8 月。

地理分布：新疆。

主要习性：喜光，耐寒，耐干旱瘠薄土壤，但喜生于湿润、肥沃土壤上。萌芽力强。

繁殖方法：播种繁殖。

应用范围：本种枝条下垂，树形优美，秋叶变黄，宜栽作绿化树种。

44 千金榆（穗子榆）

Carpinus cordata Bl.   桦木科、鹅耳枥属

形态特征：落叶乔木，高达 16m。树皮灰褐色，老枝灰褐色，无毛。单叶互生；叶片卵形或长卵形，长 8～15cm，宽 4～5cm，先端渐尖，基部心形，叶缘具重锯齿，侧脉 14～21 对，直伸叶缘，叶下面沿脉被毛。雄花序为柔荑花序；果序长 5～12cm；果苞膜质，宽卵状长圆形，中脉居中两侧对称，排列紧密。小坚果长圆形，具不明显细肋，着生于果苞基部。花期 5 月，果期 9～10 月。

地理分布：黑龙江东南部，吉林、辽宁、河南、陕西、甘肃以及华北地区。

主要习性：稍耐荫，耐寒，喜生于土层深厚、肥沃、湿润、排水良好的土壤上，亦耐瘠薄土壤。

繁殖方法：播种繁殖。

应用范围：本种叶形秀丽，果穗奇特，可植于庭园观赏。

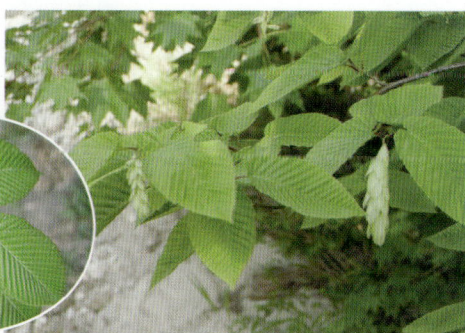

九、壳斗科

45 板栗（栗）　　　　　　　　　　*Castanea mollissima* Bl.　　　　壳斗科、栗属

形态特征：落叶乔木，高 15～20m。树皮深灰色，不规则深纵裂。1 年生枝灰绿色或淡褐色
　　　　　被毛，无顶芽。单叶互生；叶片长椭圆形或长椭圆披针形，叶缘具芒状锯齿，叶
　　　　　下面被灰白色星状毛和柔毛。雌花常生于雄花序下部，2～3（5）朵生于一总苞内。
　　　　　坚果常为椭圆形，每一壳斗内通常有坚果 2～3，暗褐色，顶端被绒毛。花期 5～6
　　　　　月，果期 9～10 月。
地理分布：东北南部至广东、广西，西达甘肃、四川、云南等省均有栽培。
主要习性：喜光，不耐严寒，较耐旱，适生于土层深厚、湿润、排水良好的沙质或砾质土壤上，
　　　　　钙质土、盐碱土以及粘重土壤上生长不良。耐修剪。
繁殖方法：播种繁殖或嫁接繁殖。
应用范围：可植作园景树观赏。为重要栽培的干果树种。

46 麻栎　　　　　　　　　　　　　*Quercus acutissima* Carr.　　　　壳斗科、栎属

形态特征：落叶乔木，高达 30m。树皮深灰褐色，纵裂，无厚木栓层。小枝被微毛。单叶互
　　　　　生；叶片长椭圆状披针形，叶缘具刺芒状锯齿，叶下面绿色，近无毛。雄柔荑花
　　　　　序下垂，雌花单生。壳斗杯形，小苞片钻形，反曲。坚果近球形。花期 3～4 月，
　　　　　果期翌年 9～10 月。
地理分布：北自东北南部，南达广东、广西，西至甘肃、四川、云南等地均有分布。
主要习性：与栓皮栎近似。
繁殖方法：播种或萌芽更新。
应用范围：为良好庭园观赏及重要绿化、用材树种。壳斗、树皮含单宁，可提炼栲胶。坚果含
　　　　　淀粉。

47 槲栎   *Quercus aliena* Bl.   壳斗科、栎属

形态特征： 落叶乔木，高达 30m。树皮暗灰色，深纵裂。小枝近无毛。单叶互生；叶片倒卵形至长椭圆状倒卵形，先端短渐尖，基部楔形或圆形，叶缘波状齿，叶下面被灰褐色星状毛，侧脉 10 ~ 15 对。雄柔荑花序下垂，雌花单生或 2 ~ 3 朵簇生。壳斗杯形，包着坚果 1/2，小苞片卵状披针形，被白色柔毛。坚果椭圆形至卵状椭圆形。花期 4 ~ 5 月，果期 9 ~ 10 月。

地理分布： 山东、河南、陕西，以及长江流域各地。

主要习性： 喜光，对气候适应性较强，耐干旱瘠薄土壤。萌芽性强。

繁殖方法： 播种繁殖或可萌芽更新。

应用范围： 可植作园景树或行道树。

48 蒙古栎（柞树）   *Quercus mongolica* Fisch. ex Ledeb.   壳斗科、栎属

形态特征： 落叶乔木，高达 30m。树皮暗灰褐色，深纵裂。幼枝紫褐色，无毛。单叶互生；叶片倒卵形或长倒卵形，先端短钝或短突尖，基部窄圆或耳状，坚果卵形或长卵形，壳斗碗形，小苞片呈瘤状突起。花期 4 ~ 5 月，果期 9 月。

地理分布： 黑龙江、吉林、辽宁、内蒙古、河北、山西。

主要习性： 喜光，耐寒，可耐 −50℃ 低温，耐干旱瘠薄土壤。对土壤条件适应性强。生长较慢。

繁殖方法： 播种繁殖。种子催芽后采用垄播，其播种量为 150g/m^2 左右。当年生苗高 20 ~ 30cm。3 年生苗可出圃栽植。

应用范围： 可植作园景树或行道树。

| 49 | 栓皮栎 | *Quercus variabilis* Bl. | 壳斗科、栎属 |

形态特征：落叶乔木，高达 30m。树皮暗褐色，深纵裂，具厚木栓层。小枝无毛。单叶互生；叶片卵状披针形或长椭圆形，先端渐尖，基部圆或宽楔形，叶缘具刺芒状锯齿，叶下面被灰白色星状毛。雄柔荑花序下垂，雌花单生。壳斗杯形，小苞片钻形，反曲。坚果近球形，先端圆，果脐微突起。花期 3 ~ 4 月，果期翌年 9 ~ 10 月。

地理分布：辽宁、河北、山西、陕西、甘肃，南达广东、广西，西到云南、贵州、四川等地。

主要习性：喜光，对气候与土壤适应范围广，较耐干旱，以排水良好、深厚、肥沃的沙壤土生长最好。萌芽力强。

繁殖方法：播种繁殖或萌芽更新。

应用范围：树干通直，枝叶浓密，为良好庭园观赏树。

十、榆科

| 50 | 小叶朴（黑弹树） | *Celtis bungeana* Bl. | 榆科、朴属 |

形态特征：落叶乔木，高达 20cm。树皮深灰色，平滑。单叶互生，叶形变化大，通常为卵形至卵状椭圆形，先端渐尖或尾尖，中部以上有锯齿，或一侧全缘，三出脉，侧脉弧形弯曲，无毛或近无毛。核果近球形，熟时紫黑色。花期 4 ~ 5 月，果期 9 ~ 10 月。

地理分布：东北南部、华北、长江流域及西南、西北等地。

主要习性：喜光，稍耐荫，耐寒，耐旱，喜粘质土，深根系，萌蘖力强。

繁殖方法：播种繁殖。

应用范围：本种树形美观，枝叶繁茂，宜作遮荫树及城乡绿化树种。

51　青檀（翼朴）　　　　　　　　*Pteroceltis tatarinowii* Maxim.　　　榆科、青檀属

形态特征：落叶乔木，高达 20m。树皮深灰色，片状剥裂。单叶互生，叶片卵形或卵状椭圆形，先端长尖或渐尖，3 出脉，侧脉不直达齿端，叶缘基部以上有单锯齿。花单性同株；雄花簇生于叶腋，花萼 5 裂，雄蕊 5；雌花单生叶腋，柱头有毛。坚果，花期 4 ~ 5 月，果期 9 ~ 10 月。

地理分布：黄河流域及长江流域，南达广东、广西及云南。

主要习性：喜光，不耐严寒，适应范围为年平均气温 12 ~ 18℃，极端最低温 -12℃。喜生于石灰岩山地。根系发达，萌芽性强，能耐干旱瘠薄土壤。

繁殖方法：播种繁殖，也可萌芽更新。

应用范围：树形美观，可作园景树和石灰岩山地绿化造林树种。树皮为制造宣纸的原料。

52　圆冠榆　　　　　　　　　　　*Ulmus densa* Litw.　　　　　　　榆科、榆属

形态特征：落叶乔木。树冠圆球形。小枝幼时多少被毛，2 ~ 3 年生枝常被腊粉。单叶互生，叶片卵形，先端渐尖，基部稍有偏斜，下面常被疏毛，脉腋有簇生毛，叶缘具圆钝锯齿。翅果长圆形，无毛。种子位于果翅中上部，与缺口相连。花期 4 ~ 5 月，果期 6 ~ 5 月。

地理分布：原产中亚。新疆，黑龙江有引种。

主要习性：喜光，耐寒。

繁殖方法：嫁接繁殖。

应用范围：树冠圆球形，整齐美观，常作行道树或供庭园观赏。

53 欧洲榆 （欧洲大叶榆、大叶榆）　　*Ulmus laevis* Pall.　　榆科、榆属

形态特征： 落叶乔木，高达 35cm。树皮纵裂。单叶互生，叶片倒卵状椭圆形或宽圆形，基部甚偏斜，重锯齿，上面暗绿色，近光滑，下面被毛。短聚伞花序有花 20 ～ 30 朵，花梗细长。翅果卵形或卵状椭圆形。花期 4 月，果期 5 月。

地理分布： 原产欧洲。新疆、黑龙江、辽宁、北京等地有引种。

主要习性： 喜光，耐寒，要求土层深厚、湿润的沙壤土。深根系，抗病虫能力较强。

繁殖方法： 播种繁殖。

应用范围： 可作为北方地区行道树和遮荫树。

54 榆树 （白榆、家榆）　　*Ulmus pumila* L.　　榆科、榆属

形态特征： 落叶乔木，高达 25cm。树皮深灰色，纵裂；树冠近球形，枝无毛。单叶互生，叶片椭圆形或长卵形，叶缘具单锯齿，叶基部近对称。春季叶前开花。花期 3 ～ 4 月，果期 5 ～ 6 月。

地理分布： 东北、华北、西北及华北等地区。

主要习性： 喜光，耐寒，能耐 -40℃ 低温。较耐干旱，在降水量不足 200mm 的沙地上也能生长，对土壤要求不严，微酸性、中性、石灰岩山地的土壤均能生长，耐轻盐碱，不耐水涝，以深厚、肥沃、湿润、排水良好的沙壤土生长最好。深根系，抗烟尘及有毒气体能力强。

繁殖方法： 播种繁殖。

应用范围： 宜作行道树、遮荫树。也是四旁绿化主要树种。在东北地区还常栽作绿篱。老树桩可作盆景材料。

| 55 | 垂枝榆〔垂榆〕 | *Ulmus pumila* 'Pendula' | 榆科、榆属 |

形态特征： 落叶乔木，高 2 ~ 8m（高度可以人为修剪控制）。树冠伞形，圆大蓬松，树干通直。枝条明显下垂。单叶互生，卵形或椭圆状披针形，基部稍偏斜。

地理分布： 新疆及各地栽培。

主要习性： 喜光，耐寒，耐干旱，适应性强。

繁殖方法： 嫁接繁殖，才能保持枝条下垂的特点。嫁接以河南白榆和东北黑榆作砧木，垂枝榆作接穗。

应用范围： 枝条下垂，姿态潇洒，极为美观，宜作庭园观赏或作行道树。

十一、杜仲科

| 56 | 杜仲 | *Eucommia ulmoides* Oliv. | 杜仲科、杜仲属 |

形态特征： 落叶乔木，高达 20m。植物体各部都含有大量胶丝。树皮深灰色，平滑或粗糙，小枝无顶芽，髓心片状。单叶互生，叶片椭圆形，羽状脉，老叶上面网脉下凹，叶缘有锯齿。花单性异株，无花被；雄花簇生于苞腋，具短柄。翅果椭圆形，顶端有凹缺。花期 4 ~ 5 月，果期 10 ~ 11 月。

地理分布： 原产我国东部及西部，分布于四川、湖北、贵州等地。

主要习性： 喜光，喜温暖湿润气候，在一些地区能耐 −22.8℃ 低温，适生于土层深厚、疏松、肥沃、排水良好的酸性土或微碱性土壤。

繁殖方法： 播种繁殖。

应用范围： 树形美观，可作园景树观赏。体内含杜仲胶，可提硬橡胶。可作园景树。

十二、桑科

57 构树（楮）
Broussoneta papyrifera L'Her. ex Vent. 桑科、构树属

形态特征：落叶乔木，高达 16m。树皮浅灰色，平滑或粗糙，不易开裂。无顶芽。小枝绿色或灰绿色，密生粗刚毛。单叶对生或 2 列互生，叶片卵形或宽卵形，叶缘有粗锯齿，有时具裂片，两面被粗毛。花单性异株；雄柔荑花序，花萼、雄蕊均为 4；雌花序球形，花萼管状，不裂，花柱线形。聚花果球形，瘦果外包以肉质花萼及肉质伸长的子房柄，熟时桔红色。花期 5 月，果期 9 月。

地理分布：华北、西北，华南，西南各地均有栽培。

主要习性：喜光，对气候、土壤适应性强。耐干冷亦耐湿热，耐干旱瘠薄土壤，能生于水边，为喜钙树种，亦能生于中性土和酸性土上。抗烟尘及多种有毒气体力强。萌蘖力强。

繁殖方法：播种、压条、分蘖繁殖均可。

应用范围：可选作园景树、庭荫树，又是工矿区及四旁绿化树种皮供药用。

58 桑树（白桑、家桑）
Morus alba L. 桑科、桑属

形态特征：落叶乔木，高达 15m。树皮灰黄色或暗灰色，不规则纵裂。小枝褐黄色。无顶芽，侧芽扁球形。单叶互生；叶片卵形或宽卵形，长 6～18cm，宽 5～13cm，叶缘具不整齐粗锯齿，有时有裂片，基部 3 出脉。花单性异株，柔荑花序；萼和雄蕊均 4，聚花果圆柱形。熟时紫黑色或白色。花期 4～5 月，果期 5～6 月。

地理分布：原产我国中部，南北各地均有栽培。

主要习性：喜光，较耐寒，对土壤要求不严，能耐轻盐碱土，但不耐水淹，生长快，耐修剪，耐烟尘和多种有毒气体。

繁殖方法：播种、扦插、压条繁殖。

应用范围：宜作园景树、四旁绿化或工矿区绿化树种。叶可饲蚕。

十三、紫茉莉科

59　紫茉莉（胭脂花、状元红、粉豆子）*Mirabilis jalapa.*L.　　　　紫茉莉科、紫茉莉属

形态特征：多年生草花，常作 1 年生栽培，高 30 ～ 100cm，直立，节部常膨大。单叶对生，三角状卵形。花数朵顶生；萼片瓣化呈花瓣状，花冠喇叭形；花有白色、粉色、红色、紫色、黄色等颜色，并有条纹或斑块状复色相间，黄昏开花至第二天清晨。花期夏秋。

地理分布：原产美洲热带，我国各地均有栽培。

主要习性：喜光，喜温暖湿润气候，生育温度 15 ～ 30℃，不耐寒。喜肥沃、疏松、排水良好的土壤。

繁殖方法：播种繁殖，每克种子约 15 粒，发芽适温 20 ～ 30℃，6 天后可发芽。可春季直播于露地，能自播繁衍。

应用范围：花色艳丽，开放时芳香扑鼻。可成丛配植于花坛、花境；散植或丛植于园林空地上或点缀于房前屋后。

十四、马齿苋科

60　半支莲（大花马齿苋、松叶牡丹、太阳花、死不了、龙须牡丹）*Portulaca grandiflora* Hook.　　马齿苋科、马齿苋或半支莲属

形态特征：1 年生或宿根肉质草花。植株低矮，茎近匍匐状生长，微向上，肉质多汁；高 10 ～ 20cm。单叶互生，肉质圆柱形，簇生叶片似松叶。花单生或簇生于枝顶，每枝着花 1 ～ 4 朵；花瓣 4 ～ 6，倒卵形先端凹，雄蕊 5。花有白色、黄色、红色、粉色、橙色、棕红等颜色，还有许多杂色，有重瓣品种、有侏儒品种（高 5cm）。日出后花开放，多下午即关闭，或日落后闭合，阴天不开花，花朵寿命短，故又名太阳花，栽培品种有全日开花品种。蒴果盖裂，种子细小。花期 6 ～ 10 月。

地埋分布：原产南美洲，我国各地均有栽培。

主要习性：喜光，在阳光直射下开花，日阴时闭合。喜高温，生育适温 14 ～ 30℃，不耐寒，但忌酷热，适生于疏松的沙质土壤上，能耐干旱瘠薄土壤。

繁殖方法：播种繁殖。一般于春季播于露地苗床，或提早播于温室木箱中；也可用嫩梢扦插繁殖。

应用范围：是花坛、花境及地被材料。也可点缀岩石园，还可盆栽观赏。

十五、石竹科

61 石竹（竹节花、洛阳花、中国石竹） *Dianthus chinensis* L. 石竹科、石竹属

形态特征：多年生宿根草花，高 15 ～ 50cm。茎簇生，直立草本，茎纤细，分枝密，茎光滑无毛，节部膨大，基部略呈匍匐状。单叶对生，叶片宽披针形，长 3 ～ 5cm，宽 3.5mm，全缘，无叶柄，基部狭窄成短鞘围抱节上。花单生或排成聚伞花序；石竹型花冠，花朵较大，花瓣 5，先端浅裂成锯齿状，基部有长爪，苞片披针形，花色白色、淡红色、紫红色等颜色；花期 4 ～ 8 月。蒴果，种子黑色。

地理分布：原产中国，各地均有栽培。

主要习性：阳光要求充足，宜生长于通风良好的环境。耐寒，喜温暖，夏季要求冷凉，生育温度 5 ～ 20℃。一般发芽后的幼苗宜移植到 15 ～ 18℃的环境下生长。土壤 pH 值不宜酸性；以排水良好、肥沃、轻质土壤为宜，供水应充分。可以摘心，以扩大株幅，并及时摘除残花。

繁殖方法：播种为主。

应用范围：适合花坛或盆栽，为花坛优美之花草，大面积成片栽培，可构成缤纷悦目的非凡景观。

62 香石竹（麝香石竹、康乃馨） *Dianthus caryophyllus* L. 石竹科、石竹属

形态特征：多年生草花，可作 1 年生栽培。株高 20 ～ 100cm，被白粉，灰绿色，茎直立，节膨大，多分枝，基部木质化。叶对生，线状披针形，全缘，花通常单生，聚伞状排列，花朵重瓣，内瓣多呈皱缩状，花色有大红、粉红、黄、白、紫、复色等各色具全。

地理分布：原产南欧，地中海地区，我国各地引种栽培。

主要习性：喜光或半荫。喜温暖，生育温度 5 ～ 20℃。冬季室内适温 7 ～ 10℃。忌高温多雨，喜干燥、通风良好环境。喜肥沃、排水良好的土壤。

繁殖方法：扦插、播种繁殖。种子每克约 500 粒，发芽适温 15 ～ 20℃，6 ～ 8 天发芽。种子喜光，播种不需覆土。矮性盆栽品种不需摘心。播种后 17 ～ 19 周开花。

应用范围：盆栽、花坛、切花栽培。园艺品种较多。

| 63 肥皂草（石碱花） | *Saponaria officinalis* L. | 石竹科、肥皂草属 |

形态特征：多年生草本，株高约90cm，具粗壮根茎，形成大丛。匍匐枝，有分枝。单叶对生，卵状披针形至椭圆形，全缘，基部三出脉。顶生聚伞花序，花萼圆筒形；花淡粉色或白色，萼管有不明显的脉，花色有白、桃红；花期6～8月。蒴果顶端4齿裂。

地理分布：原产欧洲、中国，广泛栽培。

主要习性：喜光。耐寒，适应性强，耐热，要求夏季凉爽。宜排水良好和不含石灰质的土壤。对土壤或其它环境条件要求不严。

繁殖方法：播种繁殖。

应用范围：宜作花境材料，丛植路旁、林缘及篱旁。

| 64 大花剪秋罗 | *Lychnis fulgens* Fisch. | 石竹科、剪秋罗属 |

形态特征：多年生宿根草花，高10～30cm。单叶对生，全缘，叶椭圆形。花大红色，艳丽，排成圆锥状聚伞花序；萼卵形，管状，具10脉，基部无苞片，先端5齿裂；花瓣5。蒴果5裂。花期夏季。

地理分布：我国东北地区。

主要习性：喜光，稍耐荫，耐寒，喜肥沃、排水良好的土壤。

繁殖方法：播种或分株繁殖。

应用范围：花色鲜红艳丽，植株低矮，可作花坛、花境材料，也可作切花。

| 65 | 高雪轮 | | *Silene armeria* L. | 石竹科、蝇子草属 |

形态特征：1～2年生草花，高 30～80cm。茎直立，无毛，被白粉。叶对生，披针形，灰绿色。聚伞花序，萼筒不膨大；花有淡红色、玫瑰红色、白色、雪青色等颜色；花期 5～9 月。

地理分布：原产欧洲中南部，我国各地有栽培。

主要习性：喜光，宜阳光充足、通风良好的环境。喜凉爽气候，生育适温 15～25℃，耐寒性强，但忌夏季高温。要求疏松、排水良好的土壤。耐肥，可以多施肥。

繁殖方法：播种法。发芽适温 15～20℃，播后覆土 0.2cm，一周后可发芽。

应用范围：宜配置花坛、花境，点缀岩石园，也可盆栽或作切花。

十六、苋科

| 66 | 红绿草 （五色草、锦绣苋、模样苋、法国苋、三色苋） | | *Alternanthera bettzickiana* (Regel)Nichols. | 苋科、虾钳菜属 |

形态特征：多年生草本，作一、二年生栽培的观叶植物，匍匐或披散，分枝多而密。高 20～30cm。叶小，单叶对生，披针形多裂，裂片全缘，先端带尖，基部渐狭，长成叶柄，常具彩斑，叶色主要有绿、暗红、嫩红、黄等。头状花序腋生；花小、两性，灰白色不明显；花被片 5，不等；雄蕊 5，胞果压扁。

地理分布：原产热带和亚热带地区，全国各地有栽培。

主要习性：喜阳光充足环境；喜高温怕酷热，夏热高湿环境生长较快，生育适温 20～35℃。母株 14～18℃条件下越冬，保持湿度 70% 左右，不耐寒；不耐旱，宜在排水良好、湿润、肥沃的疏松土壤生长。耐整形与修剪。

繁殖方法：北方地区多不结实，故从母株上采嫩枝扦插繁殖。

应用范围：为模纹、立体花坛材料。中国东北地区常见的五色草花坛植物是由苋科的大叶红、小叶红、绿草、黑草及景天科的白草 5 种颜色素材组成的。园艺品种黑草、绿草为红绿草（*Alternanthera bettzickiana*）的杂交园艺品种，红草为小叶红（*Alternanthera arnoena*）、大叶红（*Alternanthera versicolor*）；白草为景天科的佛甲草（*Sedum linearae* Thunb.）。

| 67 | 雁来红（三色苋、彩色苋、老来少、叶鸡冠） | *Amarenthus tricolor* L. | 苋科、苋属 |

形态特征：1 年生草本观叶植物。茎直立，绿色至紫红色，少分枝，高 30 ～ 90cm。单叶互生，卵圆形至披针形，具短柄，暗紫色，入秋后顶部的叶变成浓红色，叶片中央出现粉红色斑块，下部叶也逐渐变色，非常美丽，其叶色有绯红、桃红、褐红、黄、金黄等色。花单性，雌雄同株，穗状花序腋生，上部为雄花，下部为雌花。观叶期 7 ～ 10 月，胞果；种子细小，黑色，具光泽。主要观叶，叶由三色或二色组成，观叶期 8 ～ 10 月。

地理分布：产亚洲热带地区，我国各地均有栽培。

主要习性：喜光，日照不足不易变色；喜高温湿润气候，生育温度 15 ～ 35℃，较能耐旱；耐轻盐碱，但以肥沃、深厚、排水良好的沙质土壤生长最好。

繁殖方法：播种繁殖。春季露地直播；不需摘心。

应用范围：秋后叶色艳丽，为优良观叶植物，可布置花坛、花丛、花境，或成条栽于篱下、园路旁、庭院观赏。也可盆栽、切花。

| 68 | 鸡冠花（球头鸡冠、红鸡冠、鸡头、球状鸡冠花、鸡冠） | *Celosia cristata* L. | 苋科、青葙属 |

形态特征：1 年生草花。茎直立，多棱线，有粗糙感，上部呈扁平状，红色或绿色，分枝少，高 15 ～ 90cm。单叶互生，卵形至卵状披针形，叶色有绿、黄绿、深红或红绿相间等不同颜色，先端尖。顶生肉质穗状花序着生于肉质膨大的花托上，多呈扁平状，一般基部为雌花，上部为雄花，形似鸡冠，故称鸡冠花；中部以下集生多数小花；花被片 5，干燥；花有红色、黄色、白色、粉红色、紫红色、橙色、双色等颜色；雄蕊 5。胞果，种子细小，黑色。花期 7 ～ 10 月。

地理分布：原产印度，我国各地有栽培。

主要习性：喜阳光充足。喜炎热干燥气候，不耐寒，生长适温 20 ～ 35℃，夏季高温忌中午灌水。在疏松、肥沃、排水良好的沙质壤土上生长良好，土壤过肥易徒长，pH 值 6.5 以上；不耐积水；前期干燥促进开花。

繁殖方法：播种繁殖，春播为宜。

应用范围：本种花大、色浓，适集中栽入花坛、花境，也可作切花和干花。栽培品种依种类、株高、叶色及花色分类。

| 69 | 千日红 | （千年红、千日草、火球花、杨梅花） | *Gomphrena globose* L. | 苋科、千日红属 |

形态特征：1年生草花。茎直立，节部膨大肥厚，分枝多；全株密被白色柔毛；高20～60cm。单叶对生，全缘，椭圆形或倒卵形。头状花序，有花梗，单生或2～3簇生枝顶；小花密集，花序呈球形，由数十或上百朵小花组成，苞片膜质发亮，花径约2cm；花被片5，披针形；雄蕊5；花有深红色、淡红色、黄色、白色、紫色等颜色，因此又称千日白、千日粉等。胞果，不开裂，球形。花期7～9月。

地理分布：原产亚洲热带地区，我国各地引种栽培。

主要习性：喜光，日照不足不开花或疏少，喜高温，耐夏季炎热干燥气候，耐旱，不耐寒，生育适温15～30℃。一般土壤均能适应，喜肥沃、排水良好、疏松的沙质土，pH值6.0，EC值0.8～1.2，宜干燥，不必多浇水，性强健，可摘心扩大株幅。

繁殖方法：播种繁殖，播种前种子要进行催芽处理。

应用范围：花序虽小，但花期长，花色美观，除作花坛、花境外，还可作高温屋顶、阳台盆栽，也可作切花、干花。

十七、木兰科

| 70 | 玉兰（白玉兰） | *Magnolia denudata* Desr. | 木兰科、木兰属 |

形态特征：落叶乔木，高20m。树皮平滑或粗糙。1年生枝紫褐色，被柔毛；花芽长卵形，长达3cm，被长绒毛。单叶互生；叶片倒卵形，长10～18cm，宽6～12cm，先端突尖，基部圆形或宽楔形，幼时下面被毛，全缘。花单生，大，直径10～15cm；花萼、花瓣相似，共9片，白色，厚而肉质，有香气；雄蕊群生于花托下部，雌蕊群无柄。聚合果圆柱形，长10～15cm。菁葖果圆形；种子宽椭圆形，微扁。花期3～4月先叶开放，果期9月。

地理分布：陕西、安徽、浙江、江西、湖南、广东等地。

主要习性：喜光，略耐寒，喜肥沃、深厚、湿润、排水良好的酸性土壤。但在中性、微碱性土上亦能生长。较耐干旱，但不耐积水。

繁殖方法：播种或嫁接繁殖。

应用范围：本种早春先叶开花，花大洁白芳香，为著名的庭园观赏花树种。

71　紫玉兰（辛夷、木笔）　　*Magnolia liliflora* Desr.　　木兰科、木兰属

形态特征：落叶大灌木，高达 5m。小枝紫褐色，具环形托叶痕。单叶互生；叶片倒卵形或椭
　　　　　圆状卵形，先端急渐尖或渐尖，基部楔形并稍下延，下面无毛或沿中脉被柔毛，全
　　　　　缘。花单生，大，先叶或与叶同时开放；花萼小，3 枚，披针形，紫绿色；花瓣6，
　　　　　外面紫色，里面白色。聚合果种子具红色假种皮。花期3 ～ 4 月，果期8 ～ 9 月。
地理分布：原产我国中部，现各地广为栽培。
主要习性：喜光，较耐寒，喜生于肥沃、深厚、湿润、排水良好的土壤上。
繁殖方法：压条或分株繁殖。
应用范围：本种花大色艳丽，为著名观赏花树种，宜作园景树观赏。

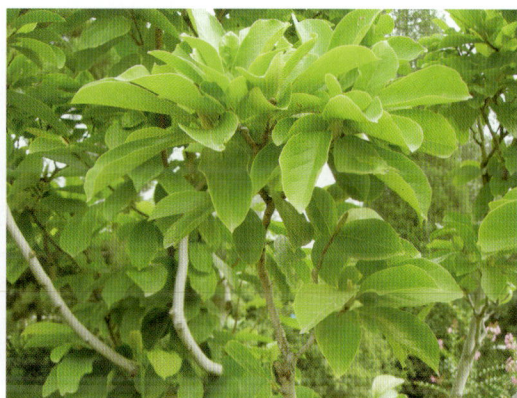

72　天女木兰（天女花）　　*Magnolia sieboldii* K. Koch　　木兰科、木兰属

形态特征：落叶小乔木，高达 10m。1 年生枝紫褐色，稍被细柔毛，顶芽长5 ～ 25mm，被贴伏
　　　　　细柔毛，枝具托叶痕。单叶互生；叶片倒卵形或宽倒卵形，长6 ～ 15cm，宽4 ～ 10cm，
　　　　　先端突尖，基部近圆形，侧脉6 ～ 8 对，全缘。花单生，在新枝上与叶对生，与叶
　　　　　同时开放，萼片3，淡粉红色，花瓣6，白色；雄蕊紫红色。聚合蓇葖果；花期5 ～ 6
　　　　　月，果期9 ～ 10 月。
地理分布：吉林、辽宁、内蒙古、安徽、浙江、福建、江西、湖南、贵州等地。
主要习性：喜光，亦耐荫，喜生于温凉湿润的环境和肥沃、深厚、排水良好的土壤上。
繁殖方法：播种繁殖。
应用范围：本种花洁白素雅，芳香，是理想的庭园绿化观赏树种。

十八、五味子科

73 五味子（北五味子）　　*Schisandra chinensis* (Turcz.) Baill.　　五味子科、五味子属

形态特征：落叶木质藤本。单叶互生，叶片倒卵形或椭圆形，叶缘疏生小腺齿，叶柄及叶脉红色，叶下面中脉被毛。雌雄异株，花被片 6～9，白色或粉红色，雄蕊 5～6，无花丝。浆果球形，排成穗状，熟后深红色。花期 5～6 月，果期 8～9 月。

地理分布：我国东北及华北。

主要习性：喜光，稍耐荫、耐寒，喜湿润环境，不耐旱、亦不耐低洼及长期积水。浅根系。

繁殖方法：播种、压条或扦插繁殖。播种前种子要催芽处理，待 1/3 种子裂口时即可播种。一般采用床面条播，其播种量为 250g/10m² 左右。播后 20 天即可出苗。要注意床面湿润，要设简易荫棚遮荫，以防苗木日灼，8 月中旬后可撤出遮荫棚。当年生苗高 10～20cm。2 年生苗即可出圃栽植。

应用范围：本种为既可观花又可观果的垂直绿化树种。五味子果实是著名的中药，因此它又是园林绿化结合生产的好树种。

十九、蜡梅科

74 蜡梅　　*Chimonanthus praecox* (L.) Link　　蜡梅科、蜡梅属

形态特征：落叶灌木，高达 4m。小枝近方形。单叶对生，叶片卵状披针形至卵状椭圆形，全缘，叶上面被刚毛，较粗糙。花两性，单生，花先叶开放；花被片蜡质黄色，无毛，内部且有紫色条纹；具浓香。瘦果长椭圆形，紫褐色，具光泽；果托椭圆形。花期 11 月至翌年 2 月。

地理分布：原产我国中部，黄河流域至长江流域各地。

主要习性：喜光，稍耐荫，稍耐寒，喜深厚、肥沃、排水良好的壤土，较耐干旱，对二氧化硫及氯气抗性强。耐修剪，发枝力强。

繁殖方法：分株或嫁接繁殖。

应用范围：本种花期在腊月早春，花色鲜艳且具香气，是冬季优良的观赏花木，又是瓶插的好材料。

二十、樟科

75 木姜子   *Litsea pungens* Hemsl.   樟科、木姜子属

形态特征：落叶小乔木，高 3 ～ 10m。树皮灰白色。幼枝黄绿色，被柔毛，老枝黑褐色，无毛。
单叶互生，常聚生于枝顶；叶片披针形或倒卵状披针形，长 4 ～ 15cm，宽 2 ～ 5.5cm，
先端短尖，基部楔形，全缘，羽状脉；叶柄长 1 ～ 2cm。伞形花序腋生，总花梗长
5 ～ 8mm，每一花序有雄花 8 ～ 12，先叶开放；花被片 6，黄色，倒卵形；能育
雄蕊 9，每轮 3，第 3 轮基部有 2 枚黄色圆形腺体；花药 4 室，内向瓣裂。果球形，
径 7 ～ 10mm，熟时蓝黑色。花期 3 ～ 5 月，果期 7 ～ 9 月。

地理分布：山西南部、河南南部、陕西至长江流域以南地区。

主要习性：喜光，喜温暖湿润气候，常生于溪旁和山地阳坡杂木林中或林缘。

繁殖方法：播种繁殖。

应用范围：可作园林绿化树
种及园景树。

二十一、毛茛科

76 短尾铁线莲   *Clematis brevicaudata* DC.   毛茛科、铁线莲属

形态特征：落叶木质藤本。1 ～ 2 回羽状复叶或 2 回 3 出复叶，小叶 5 ～ 15，有时茎上部为 3
出复叶，小叶叶缘有疏锯齿，有时 3 裂。圆锥状聚伞花序；花白色。瘦果。花期 6 ～ 7
月，果期 8 ～ 9 月。

地理分布：内蒙古、河北、山东、山西、河南、陕西、甘肃、宁夏、青海。

主要习性：稍耐寒。常生于林内、林缘。

繁殖方法：播种或扦插繁殖。

应用范围：花大而美。宜植于棚架、廊柱或作地被供观赏。

77　大瓣铁线莲　　　　　*Clematis macropetala* Ledeb.　毛茛科、铁线莲属

形态特征：落叶木质藤本。叶对生，2 回 3 出复叶，小叶狭卵形，叶缘有锯齿。花单生，萼片 4，
　　　　　瓣化，蓝紫色，退化雄蕊披针形，与萼片等长或略短，正常雄蕊多数，心皮多数。
　　　　　瘦果，宿存花柱，下弯，被灰白色长柔毛。花期 5 ~ 6 月，果期 7 ~ 8 月。
地理分布：青海、甘肃、陕西、宁夏、山西、河北等地。
主要习性：喜光，耐寒。生于山坡草地、林下或林缘。
繁殖方法：播种繁殖。
应用范围：花大而美，宜引入园林栽植作观赏。

78　耧斗菜　　　　　*Aquilegia vulgaris* L.　　　毛茛科、耧斗菜属

形态特征：多年生宿根草本，株高 15 ~ 50cm。茎
　　　　　纤细，常为开花枝，全株光滑。叶为三
　　　　　出复叶，小叶先端三裂状，叶柄细长。
　　　　　花单生或顶生，具细长花柄，花形奇特，
　　　　　每一花瓣呈漏斗形距，花色丰富，有蓝、
　　　　　黄、白、砖红及双色品种，花期春、夏。
地理分布：原产欧洲，我国各地有栽培。
主要习性：耐半荫，宜生长在散射光下，耐寒，在
　　　　　暖温气候中生长迅速。冬季可冷室栽培。
　　　　　夏季高温、多雨，应注意降温、排涝。
　　　　　土壤要求温润、排水良好，生长期宜供
　　　　　水分。多年生栽培，秋季应将当年的枝
　　　　　叶剪除。注意本属为寿命不长的宿根，
　　　　　一般 3 ~ 4 年。
繁殖方法：播种，秋季进行。
应用范围：作盆栽或岩石园。

79 大花翠雀 [翠雀、兰雀花、大花飞燕草、小鸟草] *Delphinium grandiflorum* L. **毛茛科、翠雀属**

形态特征：多年生宿根草本，株高 150 ~ 180cm。茎直立，丛生性强。单叶互生，掌状深裂，裂片条形，并有缺刻状条裂。总状花序，长达约 50cm；花单瓣、半重瓣和重瓣；花蓝、白、粉红等色；花期春季。

地理分布：原产欧洲和我国，河北、内蒙古有野生种，各地有栽培。

主要习性：喜光，可耐半荫。半耐寒，忌炎热；冬季宜加防护。空气宜保持一些湿度，对空气干燥、夏季高温不适应。生长期温度以 10℃ 左右为宜。夏季要求凉爽。土壤要求排水良好，种植前应充分深耕，并施足基肥；土壤以中性或微碱性为好，土壤水分必须保持根系不干，但过湿常会引起烂根。直根系，忌移植，庭院栽培可以直播或早期移植。栽培中要注意防风，尤其是开花期。
中作宿根栽培，应在花后修剪，并注意更换改良土壤。
喜凉爽气候，耐旱，喜肥沃、湿润、排水良好的土壤。

繁殖方法：播种、扦插或分株繁殖均可。以播种为主，一般秋播，9 月份进行。播种后覆少量介质。在 21℃ 夜温、27℃ 昼温的条件下，约 18 天左右发芽。

应用范围：花姿别致，形如小鸟，花色艳丽，可植于花坛、花境或篱边、林缘；也可盆栽及切花。

二十二、小檗科

80 细叶小檗 *Berberis poiretii* Schneid. **小檗科、小檗属**

形态特征：落叶灌木，高 1 ~ 2m。枝具明显细棱，紫褐色，刺单一或不明显 3 分叉。单叶互生或在短枝上簇生，叶片狭倒披针形，全缘或中上部有锯齿。总状花序下垂，花黄色，花瓣腹面基部具 2 腺体，花药瓣裂。浆果椭圆形，熟时红色。花期 5 ~ 6 月，果期 8 ~ 9 月。

地理分布：我国东北、华北地区。

主要习性：喜光，稍耐荫，耐寒，耐旱。

繁殖方法：播种或扦插繁殖。

应用范围：枝叶密生，且有刺，宜作刺篱或植于庭园供观赏或植作境界用。根含小檗碱 1.16%，入药有杀菌消炎之效。

81 小檗（日本小檗）　　　*Berberis thunbergii* DC.　　**小檗科、小檗属**

形态特征：落叶灌木，高达 1.5 ～ 2m。多分枝，枝红褐色，
　　　　　刺通常单一，不分叉。单叶簇生，倒卵形或倒
　　　　　卵状椭圆形，全缘。花单生或 2 ～ 5 朵近簇生，
　　　　　小，黄白色，花药瓣裂。浆果长椭圆形，熟时
　　　　　红色。花期 5 月，果期 9 月。

地理分布：原产日本，我国各地有栽培。

主要习性：喜光，稍耐荫，耐寒，以排水良好的沙壤土最
　　　　　适宜。萌芽力强，耐修剪。

繁殖方法：播种或扦插繁殖。播种前种子要进行催芽处理。
　　　　　采用床面条播，其播种量为 150g/10m² 左右。
　　　　　当年生苗高 15 ～ 20cm，2 ～ 3 年生苗可出圃
　　　　　栽植。

应用范围：秋叶、果变红，为良好观叶、观果树种，宜植
　　　　　作刺篱。根、茎入药，有消炎杀菌之效。

其栽培变种有：

紫叶小檗 *Berberis thunbergii* 'Atropurpurea' 植株低矮，叶
常年紫色。

矮紫叶小檗 *Berberis thunbergii* 'Atropurpurea Nana' 高仅 60cm，可盆栽供观赏。

二十三、木通科

82 三叶木通（八月炸）　　*Akebia trifoliata* (Thunb.) Koidz. **木通科、木通属**

形态特征：落叶藤本。枝具短枝。掌状复叶互生或簇生于短枝上；小叶 3，卵形，叶缘有锯齿。
　　　　　总状花序，单性同序，雄花生于花序上部，雌花生于花序下部；无花瓣，萼片 3。
　　　　　栗红色；蓇葖果肉质，长圆形，熟时灰紫色，沿腹缝线开裂；种子多数，黑色。花
　　　　　期 5 月，果期 8 ～ 9 月。

地理分布：华北至长江流域。

主要习性：稍耐荫，喜温暖湿润气候，常生于疏林下或灌丛中。

繁殖方法：播种繁殖。

应用范围：本种花、叶美丽，宜作花架、低矮，叶紫色。

二十四、睡莲科

83 荷花   *Nelumbo nucifera* Gaertn.   睡莲科、莲属

形态特征：多年生水生草本植，根系为不发育主根被不定根所代替。地下茎肥大脆嫩，俗称'藕'。叶圆形或盾形，直径约70cm，全缘，具辐射状叶脉，叶面粗糙，具小刺，被粉。花单生，花蕾桃形似毛笔状，开放呈莲座状，花色以粉红、白为主，另有深红、浅绿及间色；花期6～9月，一朵花能开3～4天。果实，莲座称'莲蓬'，内含数量不同的小坚果'莲子'，莲壳内含种子'莲心'，白色，胚芽含营养。

地理分布：原产亚洲热带地区，我国各地栽培。

主要习性：喜阳光充足，荷花是强喜光花卉，不耐荫。耐寒，喜温暖，生长温度15℃以上；秋季气温低于15℃减缓；生长适温为22～30℃。耐高温，当气温高达41℃（水温26～27℃）时，生长仍无影响；冬季0℃以下在水中能越冬。土壤以微酸性（pH6.5）、富含有机质的肥沃粘土为宜。喜湿，怕干，宜栽种于相对稳定的静水中；水深以30～120cm为宜，水质必需保持清洁，无污染物。

繁殖方法：根状茎繁殖，也可播种繁殖。分株，气温在15℃以上时，用不伤顶芽的主藕作种藕，切取两节左右栽种为宜。

应用范围：作水面点缀、缸栽。

84　萍蓬（萍蓬草、黄金莲水栗）　　*Nuphar pumilum* (Hoffm.)DC. 睡莲科、萍蓬草属

形态特征：多年生宿根浮水植物。根状茎肥厚，横走。叶自基部簇生，浮水叶宽卵形或椭圆形，长约15cm，先端钝圆，基部开裂成盾牌状，全缘，有斑点，叶下面紫红色，密被柔毛；叶柄长约30cm；沉水叶薄而柔；叶柄细长膜质。花单生，浮出水面，直径约3～4cm；萼片5，花瓣状，黄色；花瓣10，较萼片短，雄蕊状，生于子房下；雄蕊多数。浆果卵形，长约3cm。花期5～8月。

地理分布：原产我国。

主要习性：野生于湖沼及池塘中，喜光，耐寒，对土壤要求不严。

繁殖方法：播种或分株繁殖均可。能自播繁衍。可直接将种子播入池塘中。分株繁殖可将根茎分割数段，每段带1～2个壮芽栽入泥中即可。

应用范围：萍蓬为绿化、美化水面的优良材料，也可用水盆、缸等盆栽观赏。

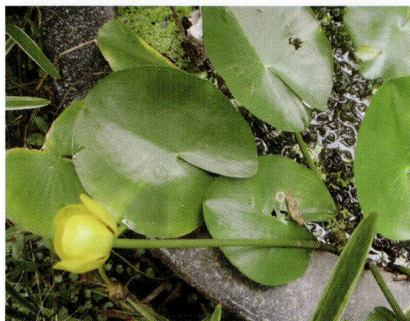

85　睡莲（子午莲）　　*Nymphaea* spp.　　睡莲科、睡莲属

形态特征：多年生水生草本花卉，具有根茎，并着生较长根系。叶具有长柄，肾形的叶片浮水而生，叶面有的具斑点，有的具条纹，全缘，或有锯齿，有的有波皱。花单生，浮于水面，花瓣狭长，花冠呈莲座形，花基数4；花色有黄、白、红等，另有紫红色，热带还有蓝色品种；花期5～11月，7～8月盛花，每朵花开3～4天，日间开放。聚合果，水中成熟，种子不能离水。

地理分布：我国东北及华北。

主要习性：喜光植物，要求阳光充足。耐寒性因种而异，如作园林水景园布置，宜选用耐寒种，以利安全越冬。霜期枯叶，可以覆盖或加水防寒。不耐寒种类，应掘起根茎，室内贮藏或温室栽培。土壤要用含腐殖质丰富的粘土。一般采用缸栽，有利施足基肥。水深因种而异，从20～100cm不等。春天发叶阶段水深保持30cm左右，夏季生长开花旺盛期，加至60～80cm。冬季防寒，可进行覆盖，或加水深至100cm。秋冬枯叶后，宜清洁水面。

繁殖方法：分株繁殖为主，早春进行。播种繁殖，一般用水盆播种。

应用范围：作水面点缀、缸栽。

二十五、马兜铃科

86　木通马兜铃（木通、关木通）　　*Aristolochia manchuriensis* Kom. 马兜铃科、马兜铃属

形态特征：落叶木质藤本，长达 10m。枝、芽被白色柔毛。单叶互生，叶片心形至近圆形，全缘，叶下面被柔毛。花两性，单生，各部为 3 数；花被管状，基部膨大，颈部紧缩，口部常 3 裂。蒴果圆柱形，具 6 棱。熟时顶端 6 裂。花期 6～7 月，果期 8～9 月。

地理分布：黑龙江、吉林、辽宁、河北、山西、陕西、甘肃、湖北、四川等地。

主要习性：喜荫、喜湿润气候，喜深厚、肥沃的土壤。

繁殖方法：种子繁殖。

应用范围：本种花、果奇特，叶大浓荫，宜用于庭园绿化作棚架植物。茎内导管孔大，由茎一端吹气可达另一端，故有"木通"之称，入药有利尿、消炎、镇痛之效。

二十六、芍药科

87　牡丹　　*Paeonia suffruticosa* Andr.　　芍药科、芍药属

形态特征：落叶灌木，高达 2m。分枝多，枝粗壮。2 回 3 出复叶互生，小叶卵形或宽卵形，顶生小叶 3～5 裂，下部全缘，侧生小叶常全缘，小叶下面有白粉。花大，单生枝顶，萼片 5；花瓣 5 或重瓣，有红、紫、黄、白、豆绿等色；雄蕊多数。聚合蓇葖果密生黄褐色绒毛。花期 5 月，果期 9 月。

地理分布：我国北部及中部，秦岭有野生。

主要习性：喜光，忌曝晒，喜温暖，但有一定的耐寒力，喜深厚、肥沃、排水良好的沙质壤土，根系深。

繁殖方法：播种、分株或嫁接繁殖均可。

应用范围：为极名贵观赏花木。可植于林下，用不同品种以专类形式种植效果更佳。

88　芍药（将离、殿春）　　　*Paeonia lactiflora* Pall.　　　芍药科、芍药属

形态特征：多年生宿根草花；根粗壮，稍肉质。茎直立，丛生，呈紫红色。高 60 ~ 120cm。2
　　　　　回 3 出羽状复叶互生，小叶通常为 3 深裂，呈宽披针形，裂片全缘，叶发出后不久
　　　　　开花，冬季叶枯死，在根颈处孕芽，早春抽出地面。花单生枝顶，分枝多者，开花
　　　　　多；大形，单瓣或重瓣，花型变化丰富；花有纯白色、微红色、黄色、淡红色、深
　　　　　红色、紫红色、洒金色等颜色。菁葖果。花期早春。

地理分布：东北、华北、华中及华东。

主要习性：喜光，要求阳光充足。耐寒，怕炎热，生育适温 5 ~ 20℃。怕涝，要求排水良好
　　　　　的砂质土，由于是肉质根，土层要求深厚，排水要求很高。芍药不耐涝，但过于干
　　　　　燥也会生长不良。基肥要求较高，另外早春还得追肥。如肥料不足常会使花蕾凋萎。
　　　　　适度湿润是它良好生长的必要条件。

繁殖方法：分株繁殖为主，在秋季 10 月份进行为佳。
　　　　　'春天分芍药，到老不开花；种子繁殖芍药，
　　　　　到老不开花。'种子繁殖，芍药种子成熟后，
　　　　　要随采随播，种子有上胚休眠的习性。

应用范围：为我国传统名花之一，宜植为专类花坛，也
　　　　　可布置花境，丛植或群植于林缘草地，也
　　　　　是春季重要切花装饰材料。

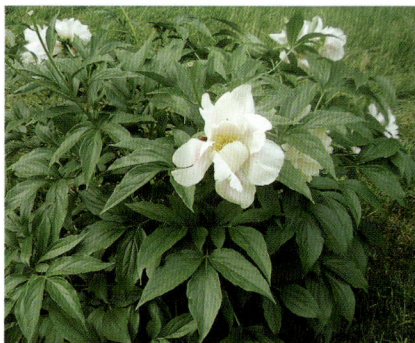

二十七、猕猴桃科

89　狗枣猕猴桃（狗枣子）　　　*Actinidia kolomikta*
　　　　　　　　　　　　　　　　(Maxim. et Rupr.) Maxim.　　　猕猴桃科、猕猴桃属

形态特征：落叶藤本，长达 15m。片状髓淡褐色。单叶
　　　　　互生，叶片卵形至长圆状卵形，先端渐尖，
　　　　　基部心形，边缘具锯齿，部分叶有大形白
　　　　　斑或红斑。花白色或淡粉红色，花药黄色。
　　　　　浆果长圆形，无斑点，具宿存反折萼片。
　　　　　花期 6 ~ 7 月，果期 8 ~ 9 月。

地理分布：东北、华北、西北各地，四川、云南等省。

主要习性：较耐荫，喜湿润土壤。

繁殖方法：应用范围与软枣猕猴桃相同。惟本种部分
　　　　　叶有大形白斑或
　　　　　红斑，在垂直绿
　　　　　化中别具一格。

90　葛枣猕猴桃（木天蓼）　　*Actinidia polygama* (Sieb. et Zucc) Maxim.　猕猴桃科、猕猴桃属

形态特征：落叶藤本，长 5 ~ 8m。髓心充实，白色。单叶互生，叶片广卵形至卵状椭圆形，先端渐尖，基部圆形或宽楔形，叶缘有细锯齿，部分叶的上部或几乎全部变成银白色或黄色。花白色 1 ~ 3 朵腋生，花药黄色。浆果卵圆形，具喙，无斑点。花期 6 ~ 7 月，果期 9 ~ 10 月。

地理分布：东北、河南、山东、河北、陕西、甘肃、湖北、湖南至西南各地。

主要习性：耐寒性强，能耐荫，喜生于湿润、肥沃土壤。

繁殖方法：应用范围与软枣猕猴桃相同。由于部分叶呈银白色或黄色，其在园林绿化中效果与狗枣猕猴桃同。

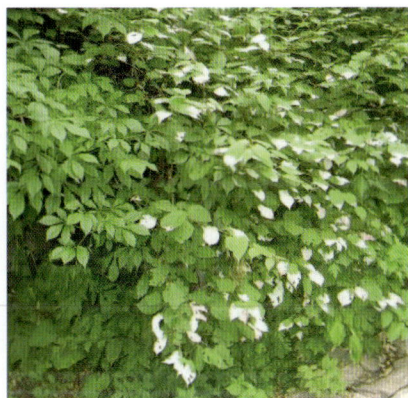

二十八、金丝桃科

91　金丝桃　　*Hypericum monogynum* L.　金丝桃科、金丝桃属

形态特征：落叶灌木，高达 1m。全株无毛。小枝圆柱形，红褐色。单叶对生，叶片倒披针形或椭圆形，先端钝尖，基部楔形，全缘，侧脉 7 ~ 8 对，无叶柄。花单生或 3 ~ 7 朵成顶生聚伞花序；花鲜黄色，萼片椭圆形或长圆形；花瓣三角状倒卵形；雄蕊 5 束，与花瓣等长。蒴果宽卵形或近球形，花期 5 ~ 8 月，果期 8 ~ 9 月。

地理分布：河北、河南、陕西、江苏、浙江、台湾、福建、江西、湖北、四川、广东等地。

主要习性：喜光，稍耐荫，喜生于湿润、肥沃沙壤土。不耐寒，北方宜栽于向阳避风处。

繁殖方法：播种、扦插或分株繁殖。

应用范围：本种花大美丽，为园林中常见的花木，也可用作切花材料。

二十九、罂粟科

92 虞美人（丽春花、赛牡丹）   *Papaver rhoeas* L.   罂粟科、罂粟属

形态特征：二年生草本花卉，全株被毛，枝叶内有白色乳汁，株高 30 ～ 90cm。叶前期基生；茎生叶互生，叶椭圆形至条状披针形，不规则羽裂，叶柄有翼。花单朵顶生，花梗细长，花蕾下垂，开花时挺直；花瓣 4 枚，膜质，半圆形，较薄（萼片早落），花瓣基部黑色；花色有深红、橙红、桃红、白及间色品种，花期 4 月中下旬 ～ 7 月中旬。蒴果。

地理分布：原产欧亚大陆温带，北美。我国各地栽培。

主要习性：喜光，要求阳光充足，耐半荫，通风良好的环境栽培。耐寒性强，不耐热，生长期要求冷凉，生育温度 5 ～ 20℃，苗期要求 10℃左右的低温。直根系，忌移植，栽培时可以早移植。

繁殖方法：播种繁殖。

应用范围：本种花色艳丽，可用于布置花坛、花境或条植。丛植于草坪边缘、篱旁、路旁等处；也可作切花。

93 荷包牡丹（丹兔儿牡丹）   *Dicentra spectabilis* (L.) Lem.   罂粟科、荷包牡丹属

形态特征：多年生宿根草花，高 30 ～ 60cm。根粗壮，地下茎肉质，横走。3 出羽状复叶，具长柄，叶灰绿色，有白粉，小叶倒卵形，深裂。总状花序顶生，拱形弯曲；花下垂；萼片 2，小，花瓣 4，外面 2 片长圆形，顶端凹，基部成囊状距，形似荷包，玫瑰红色，内面 2 片具爪，粉红色。花期 4 ～ 5 月。

地理分布：原产我国北部各地有栽培。日本也有分布。

主要习性：喜光，也能耐半荫，耐寒，喜湿润，排水良好的沙质壤土。

繁殖方法：分株繁殖为主。花期也可剪枝扦插繁殖。也可播种繁殖。

应用范围：叶与花均美观，在园林中宜布置花境、花径、建筑物旁，也可盆栽观赏或作切花。

同属花卉有：大花荷包牡丹（*D. macrantha* Oliv.）

遂毛荷包牡丹（*D. exima* Torr）

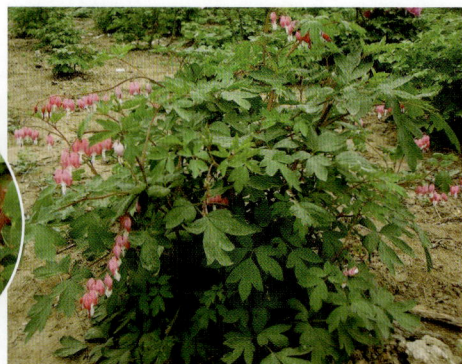

94 花菱草（人参花 金英花） *Eschschoitzia californica* Cham. 罂粟科、花菱草属

形态特征：多年生草花，常作 1 ～ 2 年栽培，全株被白粉，呈粉绿色，光滑，株高 30 ～ 45cm。茎基部分枝，丛生状。单叶互生，似基生，叶较大，3 回羽状深裂，裂片细。花单生，花梗超出叶丛，花瓣 4 枚；花黄色，有乳白、橙黄、橙红、玫红等变种，有重瓣、半重瓣及间色品种；花期 5 ～ 6 月，日中盛开。蒴果。

地理分布：原产美国加利福尼亚州，我国各地有栽培。

主要习性：喜光，开花时要阳光照射；阴天或夜间花冠闭合。耐寒性一般，生育温度 5 ～ 20℃ 冬季保护，有利生长，开花整齐；不耐夏热。土壤要求排水良好，尤其春雨季节，要防积水。适应于碱性土壤。生长期要供水、追肥。

繁殖方法：播种繁殖，嫌光性种子，每克种子约 600 粒，发芽适温 15 ～ 20℃，约 10 天发芽。注意因其直根系，移植困难，所以可采用直播或直播于小盆，以后脱盆栽培应用。

应用范围：花多色艳，为花坛、花境的好材料。

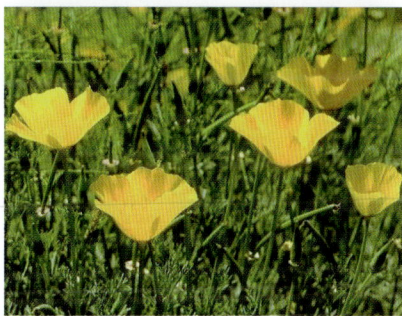

三十、白花菜科

95 醉蝶花（凤蝶草） *Cleome spinosa* L. 白花菜科、白花菜属

形态特征：1 年生草花，高 60 ～ 100cm。全株被粘质腺毛，具异味。掌状复叶，小叶 5 ～ 7 枚；叶柄基部常有小刺。顶生总状花序；花有紫红色、粉红色至淡紫色等颜色；萼片和花瓣 4；蒴果。花期夏秋。

地理分布：原产热带美洲，我国各地有栽培。

主要习性：喜光，较耐寒。生育温度 20 ～ 35℃，颇耐干旱酷热。喜疏松、肥沃土壤。

繁殖方法：播种繁殖。每克种子约 490 粒，发芽适温 20 ～ 30℃，10 ～ 12 天可发芽。一般春播于露地苗床，能自播繁衍。

应用范围：本种花似彩蝶飞舞，十分美观。常用作庭园布置、花坛、花境材料，也可盆栽和切花。

三十一、十字花科

| 96 | 桂竹香（黄紫罗兰花、香紫罗兰、华尔花） | *Cheiranthus cheiri* L. (*Erysimum cheiri*) | 十字花科、桂竹香属 |

形态特征：2 年生草花。茎直立，多分枝，基部木质化，具贴生 2 叉丁字毛；高 15 ～ 60cm。单叶互生，披针形，平展，全缘。总状花序顶生；十字型花冠，花瓣 4 或重瓣，花有橙黄色带红褐色或红紫色，有香味。长角果；种子顶端具翅。花期 6 ～ 8 月。

地理分布：原产南欧，我国各地有栽培。

主要习性：喜光；喜温暖忌高温，稍耐寒，宜冷凉干燥气候，生长适温 5 ～ 25℃。有一定的分枝能力。也可以摘心，扩大株幅。喜疏松、肥沃、排水良好的土壤，不耐水涝。

繁殖方法：播种繁殖。重瓣种子少，每克种子约 750 粒，发芽温度 15 ～ 25℃，8 ～ 10 天发芽。直根性，幼苗移植要带土。亦可扦插繁殖。于夏、秋插于沙床，注意遮荫、保湿。容易生根。

应用范围：为优良早春花坛、盆栽、花境材料，也可盆栽观赏或作切花。

| 97 | 香雪球（小白花、庭荠、香荠、阿里斯母） | *Lobularia maritima* Desv. | 十字花科、香雪球属 |

形态特征：多年生低矮丛生草花，作一年生栽培。植株高 5 ～ 30cm，多分枝而匍生，成株可扩展为 25cm 见方，被灰白色梳毛。叶互生，披针形至线形，全缘，叶脉不明显。总状花序顶生，小花多而密集，盛开时每株开花白朵以上，有香味，十字型花冠；花色有白、粉、雪青、深紫等，花期春秋季。短角果，近圆形，种子扁平。

地理分布：原产地中海地区，我国各地引种栽培。

主要习性：喜光，要求阳光充足。喜通风向阳温暖处，喜凉爽，忌酷热多湿；生育适温 10 ～ 25℃；气温高停止开花，凉爽可二次开花，半耐寒。喜肥沃、排水良好的沙质土壤，排水不良根易腐烂。

繁殖方法：播种繁殖。

应用范围：花坛花境边缘、模纹花坛、组合盆栽、盆栽、地被。

98　紫罗兰（草桂花、草紫罗兰）　*Matthiola incana* (L.) R. Br.　十字花科、紫罗兰属

形态特征：一年生草花。茎直立，有分枝，全株具灰色星状柔毛；高 20 ~ 60cm。单叶互生，
　　　　　长圆形或倒披针形，全缘。顶生总状花序；十字型花冠，花萼直立，基部囊状；花
　　　　　瓣 4 或重瓣；具香味；花有深紫色，青莲色、
　　　　　浅红色、玫红、雪青、浅黄色、白色等颜色；
　　　　　长角果，条形。花期 6 ~ 9 月。

地理分布：原产地中海地区，我国各地引种栽培。

主要习性：喜光，要求阳光充足，荫蔽处不开花，稍耐半荫。
　　　　　喜冬季温暖、夏季凉爽气候，生育温度 5 ~ 25℃，
　　　　　忌燥热高温，冬季能耐 -5℃的低温，保持通风
　　　　　冷凉的环境，否则很难收到种子。喜土层深厚、
　　　　　疏松、肥沃、湿润、排水良好的沙质土壤。

繁殖方法：播种繁殖，夏季高温不可播种。发芽适温 20℃，
　　　　　4 ~ 5 天可发芽；18 ~ 25℃，10 天左右发芽。

应用范围：本种花色艳而形态各异，花期长而具芳香，是春
　　　　　季花坛的主要花卉，也可作切花或花坛、盆栽
　　　　　观赏。

三十二、悬铃木科

99　悬铃木（二球悬铃木、英桐）　*Platanus* × *hispanica* Muenchh. 悬铃木科、悬铃木属

形态特征：落叶乔木。枝无顶芽，侧芽为柄下芽，芽鳞 1 枚。树皮大片状剥落，白色，幼枝被
　　　　　淡褐色星状毛。单叶互生，掌状分裂先端渐尖，基部截形至心形，中央裂片长略大
　　　　　于宽，全缘或有粗齿。果序球形，常 2 个串生，宿存花柱刺状。小坚果倒圆锥形，
　　　　　基部围有长毛。花期 4 ~ 5 月，果期 10 ~ 11 月，果序在树上能留存在翌年春季。

地理分布：我国除东北、青海、新疆、西藏外，广泛栽培。

主要习性：喜光，喜温暖、湿润气候，不耐严寒。哈尔滨栽培，生长不良，呈灌木状，尚需年
　　　　　年防寒。北京需植于背风向阳处才能生长良好。
　　　　　较耐旱、耐烟尘，喜深厚、排水良好的土壤，亦
　　　　　耐轻度盐碱。生长快，萌芽力强，耐修剪，寿命长。

繁殖方法：扦插或播种繁殖。播种用床面条播为宜，其播
　　　　　种量为 350g/10m^2，覆土厚 0.5cm 左右，播后要
　　　　　保持床面湿润。亦可直播。

应用范围：为世界著名的行道树树种。
　　　　　一般要求用 5 年生以上，
　　　　　胸径 5cm 以上的苗木带土
　　　　　移栽，容易成活。

三十三、绣球花科

100 小花溲疏　　　　Deutzia parviflora Bunge　　绣球花科、溲疏属

形态特征：落叶灌木，高达 2m。小枝褐色，中
　　　　　空，疏被星状毛。单叶对生，叶
　　　　　片卵形至窄卵形，先端渐尖，基部
　　　　　圆或宽楔形，叶缘细锯齿，上面
　　　　　疏被星状毛，下面灰绿色，疏被
　　　　　单毛的星状毛；花萼密被星状毛；
　　　　　花瓣在花蕾时覆瓦状排列，白色，
　　　　　蒴果褐色。花期 6 月，果期 8 月。
地理分布：东北及华北地区。
主要习性：喜光，稍耐荫，耐寒，耐干旱，耐
　　　　　瘠薄土壤。萌芽力强。
繁殖方法：播种繁殖。
应用范围：本种花虽小，但多而繁密，花色洁
　　　　　白素雅，不失为园林绿化中的优
　　　　　良花灌木，宜作花篱或植为庭园
　　　　　观赏。

101 大花溲疏　　　　Deutzia grandiflora Bunge　　绣球花科、溲疏属

形态特征：落叶灌木，高 2m。小枝淡灰褐色，中空。单叶对生，卵形或卵状椭圆形，先端渐尖，
　　　　　基部圆形，具不整齐细密锯齿，上面稍粗糙，下面密被灰白色星状毛。花 1～3 朵，
　　　　　聚伞状，生于侧枝顶端，白色，5 基数，花萼被星状毛。蒴果半球形，花柱宿存。
　　　　　花期 4～5 月，果期 6～7 月。
地理分布：东北、华北、西北及华中地区。
主要习性：喜光，耐寒，耐干旱，对土壤要求不严。耐修剪。
繁殖方法：播种繁殖。播种前种子不需要进行催芽处理，可直播，10～20 天可出苗。采用床
　　　　　面散播，其播种量为 50g/10m^2 左右。当年生苗高 10～20cm，2 年后可出圃栽植。
应用范围：本种花大，开花最早，花色洁白素雅，是园林绿化中优良花灌木，宜作花篱或植为
　　　　　庭园观赏。

102 山梅花　　*Philadelphus incanus* Koehne　绣球花科、山梅花属

形态特征：落叶灌木，高 2.5 ～ 4m。小枝髓充
　　　　实，当年生小枝密被柔毛，后渐
　　　　脱落无毛。单叶对生，叶片卵形
　　　　至卵状长椭圆形，长 3 ～ 6cm，
　　　　叶缘细尖齿，上面疏被短毛，下
　　　　面密被柔毛，基部 3 出脉。总
　　　　状花序，花 4 数，白色，直径
　　　　2.5 ～ 3cm，萼被平伏毛。蒴果 4
　　　　瓣裂，种子细小而多。花期 5 ～ 7
　　　　月，果期 8 ～ 9 月。
地理分布：原产我国中部，沿秦岭及其邻近地
　　　　区均有分布。
主要习性：喜光，较耐寒，耐旱，不耐水湿，
　　　　对土壤要求不严。
繁殖方法：播种、分株、扦插繁殖。
应用范围：为园林绿化中常应用的花灌木，常
　　　　置于庭园供观赏或栽作花篱。

103 太平花（京山梅花）　　*Philadelphus pekinensis* Rupr. 绣球花科、山梅花属

形态特征：落叶灌木，高 3m。枝髓充实，1 年生枝紫
　　　　褐色，无毛。单叶对生，叶片卵形至椭
　　　　圆状卵形，先端渐尖，基部广楔形或近
　　　　圆形，3 出脉，叶缘疏生小齿，两面无毛，
　　　　有时下面脉腋具簇毛；叶柄带紫色。总
　　　　状花序有花 5 ～ 9，花 4 数，萼外面无毛，
　　　　花瓣乳白色，蒴果陀螺形，4 瓣裂。花期
　　　　6 月，果期 9 ～ 10 月。
地理分布：我国北部及西部。
主要习性：喜光，耐寒，多生于肥沃、湿润的土壤或
　　　　溪沟排水良好处，亦耐干旱，耐瘠薄土壤。
繁殖方法：播种、分株、扦插、压条繁殖。如采用撒
　　　　播或条播，其播种量为 50g/10m² 左右。
　　　　播后 10 ～ 20 天即可出苗。当年生苗高
　　　　20 ～ 30cm，2 年生苗可出圃栽植。
应用范围：北方园林绿化多栽植，为优良花灌木，宜
　　　　作花篱或丛植草坪中。

104 大花圆锥绣球   *Hydrangea paniculata var. grandiflora* Sieb.   绣球花科、绣球花属

形态特征：落叶灌木，高 2 ~ 3m。小枝褐色，略方形。单叶对生，有时上部 3 叶轮生；叶片椭圆形或卵状椭圆形，长 5 ~ 10cm，先端渐尖，基部圆形或宽楔形，叶缘具内弯细齿，叶下面被刚毛及短柔毛，脉上尤密。圆锥花序顶生，全部或大部为大形不育花组成，开花持久，初为白色，后变成浅粉红色至粉紫色。蒴果近球形。花期 7 ~ 10 月。

地理分布：北方普遍栽培。

主要习性：喜光，稍耐荫，较耐寒，喜深厚、肥沃、湿润土壤，不耐干旱瘠薄土壤。

繁殖方法：扦插繁殖。

应用范围：本种花序大型，花色由白变浅粉红色，甚为美观，为常植于庭园观赏的优良花灌木，宜孤植。

三十四、茶藨子科

105 黑果茶藨子   *Ribes nigrum* L.   茶藨子科、茶藨子属

形态特征：落叶灌木，高达 2m。小枝粗，幼枝被腺点及微柔毛。单叶互生，叶片圆形，3 ~ 5 裂，基部心形，叶缘具不整齐锯齿，上面无毛，下面密被腺点及疏毛。叶柄被柔毛。花两性，白色，总状花序较短，具花 4 ~ 10 朵。浆果近球形，熟时黑色。花期 5 ~ 6 月，果期 7 ~ 8 月。

地理分布：原产新疆，黑龙江有栽培。

主要习性：喜光，耐寒性强，喜肥沃、湿润、排水良好土壤。

繁殖方法：播种、扦插或压条繁殖。播种与腺毛茶藨相同，但本种作果树栽培也常用压条繁殖。

应用范围：本种在园林绿化中可植于公园、庭园及作配置花灌木树种。果富含维生素 C，供食用或做果酱、饮料等原料。

106 香茶藨子（黄花茶藨）　*Ribes odoratum* Wendl.　茶藨子科、茶藨子属

形态特征：落叶灌木，高 1～2m。枝无刺，幼枝密被白柔毛。单叶互生，叶片卵形，椭圆形至倒卵形，裂片有粗齿，基部截形至宽楔形，上面无毛，下面被短柔毛并疏生棕褐色斑点。花两性，总状花序下垂，有花 5～10 朵，芳香；花萼黄色，花瓣 5，形小，紫红色，常为萼片之半。浆果球形，熟时黑色。花期 4～5 月，果期 8～9 月。

地理分布：黑龙江有栽培。

主要习性：喜光，稍耐荫，耐寒，喜肥沃、深厚土壤，根萌蘖性强。

繁殖方法：播种繁殖，也可扦插或分株繁殖。扦插一般可采用露天遮荫覆膜插床。哈尔滨地区可 5 月下旬扦插，1 个月左右即可生根。

应用范围：花香色美，是优良的观赏花灌木，宜孤植或丛植。

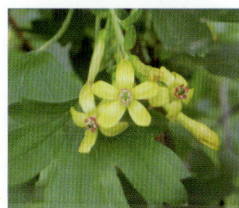

三十五、蔷薇科

107 华北绣线菊　*Spiraea fritschiana* Schneid.　蔷薇科、绣线菊属

形态特征：落叶灌木，高 1～2m。小枝具棱。单叶互生，叶片卵形、椭圆状卵形或椭圆状长圆形，叶缘具不整齐重锯齿或单锯齿，上面无毛，下面具短柔毛。复伞房花序生于当年生枝上，多花，无毛，花白色。蓇葖果几直立，开张，常具反曲萼片。花期 6 月，果期 7～8 月。

地理分布：辽宁、河北、山西、山东、河南及西北各省。

主要习性：喜光，稍耐寒，耐旱。常生于山谷林中石坡地上。

繁殖方法：播种繁殖。

应用范围：为庭园习见花灌木，亦可植作花篱。

108 金丝桃叶绣线菊 *Spiraea hypericifolia* L. 蔷薇科、绣线菊属

形态特征：落叶灌木，高约 1.5m。单叶互生，叶片长圆状倒卵形或倒卵状披针形，先端急尖或圆钝，基部楔形，全缘或在不孕枝上叶片先端有 2～3 锯齿，两面无毛，基部具不明显的 3 脉或羽状脉。伞形花序无总梗，基部有簇生小型叶片；有花 5～11；花白色，5 数；蓇葖果直立开展，花期 5～6 月，果期 6～9 月。

地理分布：黑龙江、内蒙古、山西、陕西、甘肃、新疆。

主要习性：喜光，耐寒，耐干旱，耐瘠薄土壤，生于干旱地区向阳山坡或灌丛中。

繁殖方法：播种繁殖。

应用范围：白花满枝，甚为美观，是优良的花灌木，宜作花篱成片栽于庭园绿地，供观赏。

109 珍珠绣线菊（喷雪花） *Spiraea thunbergii* Sieb. ex Bl. 蔷薇科、绣线菊属

形态特征：落叶灌木，高 1.5m。小枝细长，拱曲，有棱角。单叶互生，叶片条状披针形，先端长渐尖，基部窄楔形，叶缘自中部以上具锯齿，两面无毛，伞形花序无总梗，有花 3～7 朵，基部丛生数枚小型叶片，5 数，花瓣白色。蓇葖果无毛。花期 4～5 月，果期 7 月。

地理分布：哈尔滨、沈阳、大连，以及山东、河南、陕西等地有栽培。

主要习性：喜光，不耐庇荫，较耐寒，喜湿润而排水良好的土壤。耐修剪。

繁殖方法：播种、分根或扦插繁殖。如采用床面条播，其播种量为 50g/10m² 左右。按一般苗木管理，无特殊要求。当年生苗高 10～40cm，2 年生苗可出圃栽植。

应用范围：本种花期早，白花满枝，宛若积雪，秋叶变红，甚为美观，是优良花灌木，宜作花篱或成片栽于庭园绿地，供观赏。

110 土庄绣线菊（柔毛绣线菊）　*Spiraea pubescens* Turcz.　蔷薇科、绣线菊属

形态特征：落叶灌木，高 1 ~ 2m。小枝开展，拱曲，幼时被柔毛。单叶互生，叶片菱状卵形
　　　　　至椭圆形，先端急尖，基部宽楔形，叶缘自中部以上有粗锯齿，有时 3 裂，上面疏
　　　　　被柔毛，下面被短柔毛，沿脉较密。伞形花序具总梗，有花 15 ~ 20，5 数，白色，
　　　　　萼直立。蓇葖果仅沿腹缝线被短柔毛。花期 5 ~ 6 月，果期 7 ~ 8 月。
地理分布：黑龙江、吉林、辽宁、内蒙古、山西、河北、山东、河南、陕西、甘肃、安徽等地。
主要习性：喜光，耐寒，耐旱，对土壤要求不严，适生于中性土壤。
繁殖方法：播种繁殖。
应用范围：为良好的庭园绿化的花灌木，宜可作花篱。

111 三裂绣线菊（三丫绣球）　*Spiraea trilobata* L.　蔷薇科、绣线菊属

形态特征：落叶灌木，高 1 ~ 2m。小枝细弱，呈
　　　　　"之"字形弯曲。单叶互生，叶片近圆
　　　　　形，先端钝，常 3 裂，基部圆形、楔
　　　　　形或稍心形，叶缘自中部以上具少数圆
　　　　　钝锯齿，两面无毛，基部具明显 3 ~ 5
　　　　　脉。伞形花序具总梗，无毛；花多，5
　　　　　数，白色。蓇葖果仅沿腹缝具短柔毛
　　　　　或无毛。花期 5 ~ 6 月，果期 7 ~ 8 月。
地理分布：黑龙江、辽宁、内蒙古、山西、河北、
　　　　　山东、河南、陕西、甘肃、安徽。
主要习性：喜光，稍耐荫，耐寒，耐旱，常生于岩
　　　　　石向阳山坡和灌丛中。
繁殖方法：播种繁殖。
应用范围：为园林绿化习见
　　　　　栽培的花灌木，
　　　　　亦可植作花篱。

112 珍珠梅　　　　*Sorbaria sorbifolia* (L.) A. Br.　蔷薇科、珍珠梅属

形态特征：落叶灌木，高达 2m。小枝被毛。奇数羽状复叶互生，小叶 11 ～ 17，披针形至卵状披针形，叶缘有尖锐重锯齿，两面无毛或几无毛，侧脉 12 ～ 16 对。顶生圆锥花序，大型密集，花 5 数；萼筒钟形；花瓣白色；雄蕊 40 ～ 50，较花瓣长。蓇葖果长圆形；萼片宿存，反曲。花期 7 ～ 8 月，果期 9 月。

地理分布：黑龙江、吉林、辽宁、内蒙古。

主要习性：喜光，稍耐荫，耐寒，喜生于疏林地或林缘湿地。萌蘖性强，耐修剪。

繁殖方法：播种繁殖。播种前不需要进行催芽处理。多采用床面条播，其播种量为 50g/10m^2 左右。当年生苗高 20 ～ 30cm，易成苗，无需特殊管理。

应用范围：本种花、叶秀丽，盛花期满树银花与绿叶相衬，显得恬淡清雅，是良好的园林花灌木，宜丛植于草地或植为花篱。

113 白鹃梅　　　　*Exochorda racemosa* (Lindl.) Rehd.　蔷薇科、白鹃梅属

形态特征：落叶灌木，高 3 ～ 5m。小枝微有棱，无毛。单叶互生，叶片椭圆形、长椭圆形或长圆状倒卵形，先端圆钝或急尖，基部楔形，全缘，稀上部有钝齿，两面均无毛。总状花序顶生，有花 6 ～ 10 朵；花 5 数，白色，花瓣倒卵形，基部有短爪。蒴果倒圆锥形，棕红色，具 5 棱。花期 3 ～ 5 月，与叶同放，果期 6 ～ 8 月。

地理分布：山西、河南、山东、北京、华东等地。

主要习性：喜光，耐干旱，耐瘠薄土壤，适应性强。

繁殖方法：播种或扦插繁殖。

应用范围：本种花色洁白秀丽，宜植于庭园观赏。为美丽的花灌木树种。

114 水栒子（多花栒子）

Cotoneaster multiflorus Bunge　蔷薇科、栒子属

形态特征：落叶灌木，高达4m。小枝细长，常弓形弯曲。单叶互生，叶片卵形或宽卵形，先端急尖或圆钝，基部圆形或宽楔形，全缘，下面幼时稍被绒毛，后渐脱落变无毛。聚伞花序多花，有花5～21朵；总花梗及花梗无毛；花5数，花瓣白色；萼筒无毛。果近球形或倒卵形，熟时红色。花期5～6月，果期8～9月。

地理分布：东北、华北、西北及西南各地。

主要习性：喜光，能耐荫，耐寒性强，对土壤要求不严，极耐干旱瘠薄土壤，耐修剪。

繁殖方法：播种繁殖。

应用范围：本种花繁洁白，果色红艳可爱，是优美的观赏花灌木，又是良好的岩石园种植材料。亦可作水土保持树种。

115 黄果山楂（阿尔泰山楂）

Crataegus chrysocarpa Ashe　蔷薇科、山楂属

形态特征：落叶灌木或小乔木，高3～6m。通常无刺，稀有刺。单叶互生，叶片卵形或三角状卵形，先端急尖，基部楔形或宽楔形，有2～4对裂片，基部一对分裂较深，叶缘具疏锯齿；托叶心形，叶缘有腺齿。复伞房花序顶生；花5数，白色。果球形，熟时金黄色；小核4～5，内面两侧有凹痕。花期5～6月，果期8～9月。

地理分布：新疆天山和阿尔泰山。

主要习性：喜光，耐寒，喜肥沃、湿润排水良好土壤。常生于山坡、谷地、林缘或灌丛中。

繁殖方法：播种繁殖。播种前种子需要进行催芽处理。

应用范围：花、果秀丽，可引栽作花灌木。

116 山楂   *Crataegus pinnatifida* Bunge   蔷薇科、山楂属

形态特征：落叶小乔木，高6m。通常有枝刺。单叶互生，叶片宽卵形、三角状卵形，稀菱状卵形，先端短渐尖，基部宽楔形，常两侧各有3～5对羽状深裂片，叶缘有尖锐重锯齿，上面无毛，下面沿脉有疏柔毛；托叶大，边缘有锯齿。伞房花序，总梗及花梗均被柔毛；花5数，白色。果近球形或梨形，深红色，有浅褐色斑点；小核3～5。花期4～5月，果期9～10月。

地理分布：东北地区，内蒙古、山东、山西、河北、河南、陕西、江苏等地。

主要习性：喜光，耐寒，耐旱，在湿润、排水良好的沙质壤土上生长良好。根系发达，萌蘖性强。

繁殖方法：播种或嫁接繁殖。播种前种子要进行催芽处理。

应用范围：叶茂花繁，洁白素雅，果实鲜红美观，是观花、观果的优良绿化树种及绿篱树种。果生食或制果酱、果糕，还可入药。

117 金露梅（金老梅）   *Potentilla fruticosa* L.   蔷薇科、委陵菜属

形态特征：落叶灌木，高1～1.5m。枝叶繁茂，小枝幼时伏生丝状柔毛。奇数羽状复叶互生，小叶通常5，窄长椭圆形或长圆状披针形，全缘，无柄；托叶呈鞘状。花单生或数朵成聚伞花序；花5数，萼外有副萼，花瓣鲜黄色。聚合瘦果。花期6～8月，果期9～10月。

地理分布：东北地区，内蒙古、山东、山西、河北、河南、陕西、甘肃、新疆、四川、云南、西藏等地。

主要习性：喜光，耐寒，耐旱，对土壤要求不严。常生于高山上部灌丛中。

繁殖方法：播种、扦插、分株繁殖。不需进行催芽处理。采用床面条播或撒播，其播种量为50g/10m^{2}左右。播后15～20天即可出苗。当年生苗高30～60cm，即可出圃栽植。

应用范围：本种人工栽植后枝叶繁茂，花期长达120天，为产区珍贵的夏、秋花灌木，栽于庭园草地或栽作花篱。

118 西府海棠（小果海棠）　　　*Malus micromalus* Makino　　　蔷薇科、苹果属

形态特征：落叶小乔木，高 3 ~ 7m。枝直立，小枝细弱，紫褐色或暗褐色。单叶互生，叶片长椭圆形或椭圆形，先端急尖或渐尖，基部楔形稀近圆形，叶缘有尖锐锯齿。伞形总状花序，有花 4 ~ 7 朵；花 5 数，粉红色，花柱 5；花梗及花萼被柔毛，萼片与萼筒近等长。梨果近球形，红色。花期 4 ~ 5 月，果期 8 ~ 9 月。

地理分布：辽宁、内蒙古、山东、山西、河北、河南、陕西、甘肃、云南等地。

主要习性：喜光，耐干旱、盐碱和水涝，对土壤适应性强，根系发达。

繁殖方法：播种繁殖。

应用范围：本种花色艳丽，果色透红，可植作园景树。

119 苹果　　　*Malus pumila* Mill.　　　蔷薇科、苹果属

形态特征：落叶乔木，高达 15m。树冠球形，小枝紫褐色，被绒毛。冬芽卵形被毛。单叶互生；叶片椭圆形至卵形，先端急尖，稀尾状渐尖，基部宽楔形或圆形，叶缘具圆钝锯齿，下面有柔毛。伞房花序生于枝端，有花 3 ~ 7 朵；花 5 数，白色，花柱 5。梨果扁球形，两端均凹陷。花期 5 月，果期 7 ~ 10 月。

地理分布：原产欧洲及亚洲中部，我国以山东、辽宁、河北、河南栽培最多。

主要习性：喜光，适较干冷的气候，不耐湿热，适各种土壤条件，但以深厚、肥沃、排水良好的沙壤土为最好。

繁殖方法：嫁接繁殖。

应用范围：苹果为我国北方最主要的经济果树之一，在园林绿化中可作为庭园树观赏。是绿化结合生产的好树种。

120 新疆野苹果   *Malus sieversii* (Ledeb.) Roem.   蔷薇科、苹果属

形态特征：落叶乔木，高达 2 ～ 10（14）m。树冠宽广。单叶互生；叶片卵形或宽椭圆形、稀倒卵形，叶缘具圆钝锯齿，两面具柔毛。花序近伞形，有花 3 ～ 6 朵；花白色，5 数，花梗较粗，密被白色绒毛；花柱 5。果球形或扁球形，熟时黄绿色，有红晕。花期 5 月，果期 8 ～ 9 月。

地理分布：新疆天山西部。

主要习性：喜光，不耐庇荫，喜温暖、湿润气候，耐寒力中等，耐旱力强。

繁殖方法：嫁接繁殖，也可用根蘖繁殖。

应用范围：野生类型较多，在引种驯化、杂交育种等方面有重要价值，也可作栽培苹果砧木。也可作园景树栽培观赏。

121 海棠花〔海棠〕   *Malus spectabilis* (Ait.) Borkh.   蔷薇科、苹果属

形态特征：落叶小乔木，高达 8m。小枝红褐色，粗壮。单叶互生，叶片长椭圆形至卵状长椭圆形，长 5 ～ 8cm，宽 2 ～ 3cm，先端尖，基部宽楔形或圆形，叶缘有紧贴细锯齿。近伞形花序，有花 4 ～ 6 朵；花 5 数，蕾期粉红色，开花后淡粉红色至近白色；萼较萼筒短或等长，宿存。梨果近球形，黄色。花期 4 ～ 5 月，果期 8 ～ 9 月。

地理分布：河北、山东、山西、甘肃、江苏、江西、云南等地。

主要习性：喜光，耐旱，但不耐水湿。

繁殖方法：播种或分根繁殖。

应用范围：本种为著名观花、观果树种。果可食。亦可作苹果砧木。

常见园艺栽培变种有：

重瓣红海棠 *Malus spectabilis* 'Riversii' 花重瓣，粉红色。北京园林中多栽培。

重瓣白海棠 *Malus spectabilis* 'Albiplena' 花重瓣，白色。

| **122** | **新疆梨** | *Pyrus sinkiangensis* Yü | 蔷薇科、梨属 |

形态特征： 落叶小乔木，高 6 ~ 9m。树冠半圆形，枝条密集开展。冬芽卵形。单叶互生，叶片卵形、椭圆形至宽卵形，长 6 ~ 8cm，宽 3.5 ~ 5cm，先端短渐尖，基部圆形，稀宽楔形，叶缘上半部有细锐锯齿，两面无毛。伞形总状花序，有花 4 ~ 7 朵；花白色，5 基数，花柱 5。梨果卵形至倒卵形，径 2.5 ~ 5cm，黄绿色。花期 4 月，果期 9 ~ 10 月。

地理分布： 新疆、青海、陕西、甘肃等地栽培。

主要习性： 喜光，耐寒，抗旱。

繁殖方法： 播种繁殖。

应用范围： 可植为庭园观赏。果可食。栽培的品种有酸梨、红梨、条梨及长把梨等。

| **123** | **秋子梨**（山梨） | *Pyrus ussuriensis* Maxin. | 蔷薇科、梨属 |

形态特征： 落叶乔木，高 15m。树冠宽卵形，冬芽卵形，肥大。单叶互生；叶片宽卵形至椭圆状卵形，长 5 ~ 10cm，宽 4 ~ 6cm，先端短渐尖，基部圆形或近心形，叶缘有刺芒状锐齿。伞形总状花序，有花 5 ~ 7 朵；花白色，5 基数；花柱 5，基部有毛。梨果近球形，黄色，萼宿存；果梗长 1 ~ 2cm。花期 4 ~ 5 月，果期 8 ~ 10 月。

地理分布： 黑龙江、吉林、辽宁、内蒙古、河北、山东、山西、陕西、甘肃。

主要习性： 喜光，稍耐荫，耐寒，耐干旱瘠薄土壤，也能耐水湿和碱土。深根系。

繁殖方法： 播种繁殖。播种前种子需进行催芽处理。采用条播，其播种量为 0.75kg/10m^2 左右。当年生苗高 30 ~ 40cm。

应用范围： 花繁，且洁白如雪，可置于庭园观赏。果可食。野生种可作嫁接梨的砧木。栽培品种很多，常见有香水梨、京白梨、鸭广梨、安梨、沙果梨等。

124 杜梨（棠梨）　　　　　*Pyrus betulaefolia* Bunge　　　蔷薇科、花楸属

形态特征：落叶乔木，高 10m。树冠开展。常具枝刺。幼枝、幼叶密被灰色绒毛。单叶互生，叶片菱状卵形至椭圆形，叶缘具粗锐锯齿。伞形总状花序，有花 10～15 朵；花白色，5 基数，花柱 2～3。梨果近球形，褐色，有淡色斑点。花期 4 月，果期 8～9 月。

地理分布：辽宁、河北、山西、河南、陕西、甘肃、安徽、江西、湖北等地。

主要习性：喜光，稍耐荫，耐寒，极耐干旱，耐瘠薄及碱性土壤。深根系，根蘖性强。

繁殖方法：播种、压条、分株繁殖均可。

应用范围：花繁洁白美丽，可植于庭园观赏。又为华北、西北地区防护林及沙荒地造林树种。也是北方栽培梨树的优良砧木。

125 花楸（百花山花楸）　　*Sorbus pohuashanensis* (Hance) Hedl. 蔷薇科、花楸属

形态特征：落叶小乔木，高达 8m。小枝粗壮。冬芽密被灰白色绒毛。奇数羽状复叶互生；小叶 11～15，椭圆状长圆形至长圆状披针形，长 3～5cm，宽 1.4～1.8cm，叶缘中部以上有细锐锯齿，下面苍白色，有稀疏或密绒毛。顶生复伞房花序，有白色绒毛；花小，白色，5 基数。梨果近球形，熟时红色或桔红色。花期 6 月，果期 9～10 月。

地理分布：东北地区，内蒙古、河北、山东、山西、甘肃等地。

主要习性：喜光，较耐荫，耐寒，喜肥沃、湿润的土壤。常生于山坡或沟谷杂木林中。

繁殖方法：播种繁殖。播种前种子要进行催芽处理。采用条播其播种量为 $50g/10m^2$ 左右。当年生苗高 10～20cm。

应用范围：本种盛花时满树银花，入秋红果累累，光彩夺目，是花果俱佳的观赏树种，宜做园景树或进行群落配置。

126 天山花楸　　　　　　　*Sorbus tianschanica* Rupr.　　　蔷薇科、花楸属

形态特征：落叶灌木或小乔木，高 5m。小枝粗壮。冬芽较大，长卵形，被白色柔毛。奇数羽状复叶互生；小叶 9 ~ 15，卵形或卵状披针形，长 5 ~ 7cm，宽 1.2 ~ 2cm，先端渐尖，基部宽楔形，叶缘具细锯齿，两面无毛。复伞房花序大型，多花，白色，5 基数。梨果球形，径 1 ~ 1.2cm，熟时鲜红色，被蜡粉。花期 5 ~ 6 月，果期 8 ~ 9 月。

地理分布：产甘肃、新疆、青海等地。

主要习性：喜光，耐寒，喜湿润、肥沃土壤，常生于山麓、溪谷、云杉林缘及疏林中。

繁殖方法：播种繁殖。

应用范围：可栽培供观赏。

127 刺蔷薇（大叶蔷薇）　　　　*Rosa acicularis* Lindl.　　　蔷薇科、蔷薇属

形态特征：落叶灌木，高 1 ~ 3m。小枝有细直皮刺并密生针刺。奇数羽状复叶互生，小叶 3 ~ 7，宽椭圆形或长圆形，叶缘有单锯齿或不明显重锯齿，上面无毛，下面有柔毛；叶柄、叶轴有柔毛、腺毛和稀疏皮刺。花单生或 3 ~ 2 集生，花 5 基数，花瓣粉红色，有香味；花梗密被腺毛。蔷薇果梨形或长椭圆形，熟时红色。花期 6 ~ 7 月，果期 7 ~ 9 月。

地理分布：东北、内蒙古、河北、山西、陕西、甘肃、新疆等。

主要习性：喜光，较耐荫，耐寒性强，耐低湿地。

繁殖方法：播种或扦插繁殖。

应用范围：花、果色彩艳丽，供庭院绿化或作刺篱。

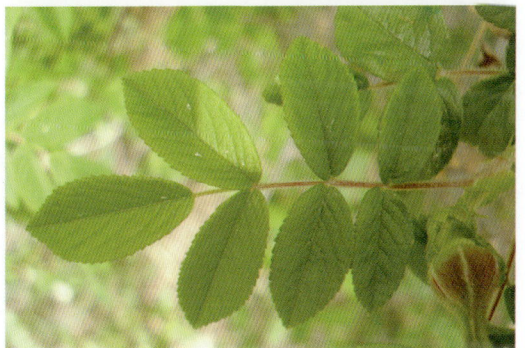

128 月季（月月红、月季花）   *Rosa chinensis* Jacq.   蔷薇科、蔷薇属

形态特征：常绿或半常绿灌木，高达 2m。小枝粗壮，绿色，有短粗的钩状皮刺或无刺。羽状
复叶互生，小叶 3 ~ 5（7），宽椭圆形至卵状长圆形，叶缘有锐锯齿，两面近无毛；
托叶边缘具腺毛。花单生或几朵集生成伞房状，萼片羽状裂；花瓣重瓣至半重瓣，
颜色有红、紫、粉红及白色，芳香。果梨形或卵球形，红色。花期 4 ~ 9 月，果期
9 ~ 11 月。

地理分布：原产我国，各地普遍栽培。

主要习性：喜光，喜温暖湿润气候及肥沃土壤。以富含有机质、排水良好而微带酸性（pH6.5）
的土壤最好。耐寒性不强。

繁殖方法：扦插、分株繁殖。

应用范围：为著名的园林绿化树种，花、根及叶可入药。

129 玫瑰   *Rosa rugosa* Thunb.   蔷薇科、蔷薇属

形态特征：落叶灌木，高 1 ~ 2m。小枝密被黄色绒毛并密生皮刺和刺毛，皮刺外被黄色绒毛。
奇数羽状复叶互生，小叶 5 ~ 9，宽椭圆形或倒卵状宽椭圆形，叶缘具钝的单锯齿，
上面无毛，有明显皱纹，下面密被柔毛和腺体。花单生或 3 ~ 6 簇生，5 基数，紫红色，
浓香，花梗密被绒毛、腺毛和刺毛。果扁球形，熟时红色。花期 6 月，果期 9 ~ 10 月。

地理分布：主产辽宁南部，各地均有栽培。

主要习性：喜光，耐寒，耐旱，对土壤要求不严格。具有一定的抗风、固沙能力和较强的根蘖性。

繁殖方法：播种、扦插及压条繁殖。

应用范围：本种花大艳丽而芳香，在园林绿化中宜栽作花篱、刺篱、花坛或花镜。园艺品种较
多，观赏价值高。

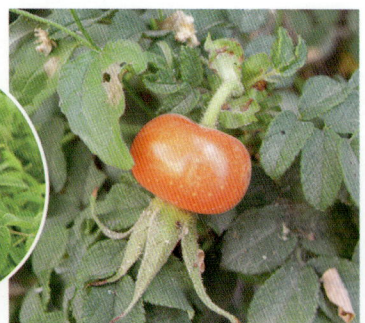

130 黄刺玫（黄刺莓）　　　*Rosa xanthina* Lindl.　　　蔷薇科、蔷薇属

形态特征：落叶灌木，高 2 ～ 3m。小枝褐色，具直扁皮刺。奇数羽状复叶互生，小叶 7 ～ 13，宽卵形或近圆形，稀椭圆形，叶缘有圆钝锯齿；叶轴、叶柄有稀疏柔毛和小皮刺。花单生于叶腋，5 基数，重瓣或半重瓣，黄色。蔷薇果近球形或倒卵形，紫褐色或黑褐色。花期 4 ～ 6 月，果期 7 ～ 8 月。

地理分布：东北地区，内蒙古、河北、山东、山西、河南、陕西、甘肃、青海等地。

主要习性：性强健，喜光，耐旱性强，耐寒，耐瘠薄；少病虫害。

繁殖方法：分株、压条、扦插繁殖。

应用范围：为庭园常见观赏花灌木，宜丛植或作刺篱。

131 山楂叶悬钩子（蓬垒悬钩子、托盘）　*Rubus crataegifolius* Bunge　　蔷薇科、悬钩子属

形态特征：落叶灌木，高 1 ～ 2m。枝具弯曲皮刺。单叶互生，叶片卵形至长圆状卵形，3 ～ 5 掌状分裂，先端渐尖，基部心形或近截形，下面脉上被柔毛和小皮刺，基部具掌状 3 ～ 5 脉，叶缘有不规则缺刻状锯齿。花数朵簇生或成短总状；5 基数；花瓣白色。聚合果近球形，熟时暗红色。花期 5 ～ 6 月，果期 7 ～ 9 月。

地理分布：东北地区，内蒙古、河北、山东、山西、河南等地。

主要习性：喜光，耐寒性强，不耐水湿，不耐庇荫。

繁殖方法：播种繁殖。播种前种子要进行催芽处理。采用床面条播，其播种量为 $50g/10m^2$ 左右。当年生苗高 15 ～ 30cm，1 ～ 2 年生苗可出圃栽植。

应用范围：本种秋叶变黄红色，果实暗红色，可植于庭园观赏或作刺篱。果实供食用。

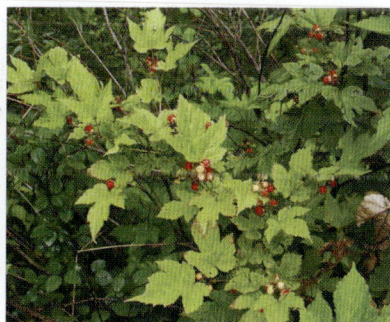

132 蒙古扁桃　　*Prunus mongolica* Maxim.　　蔷薇科、李属
（*Amygdalus mongolica* Ricker）

形态特征：落叶灌木，高 1 ～ 2m。小枝顶端变成枝刺。有长枝和短枝之分。单叶在长枝上互生，
　　　　　在短枝上簇生；叶片宽椭圆形、近圆形或倒卵形，先端圆钝，基部楔形，叶缘有浅
　　　　　钝锯齿。花单生，稀数朵簇生于短枝上，粉红色；萼筒钟形，花梗极短。果宽卵球
　　　　　形。花期 4 ～ 5 月，果期 7 ～ 8 月。
地理分布：内蒙古西部，甘肃、宁夏。
主要习性：喜光，耐寒，耐旱和耐瘠薄土壤，在水分及土壤条件较好的地区生长良好。
繁殖方法：播种繁殖。
应用范围：可植为庭园观赏。还是干旱地区水土保持树种，并作为核果类果树的砧木。

133 桃　　*Prunus persica* (L.) Batsch　　蔷薇科、李属
（*Amygdalus persica* L.）

形态特征：落叶小乔木，高 3 ～ 8m。树冠宽
　　　　　而平展，树皮暗紫红色。小枝光
　　　　　滑。单叶互生；叶片长圆状披针
　　　　　形至倒卵状披针形，叶缘有细锯
　　　　　齿。花单生，先叶开放，粉红色，
　　　　　稀白色；萼筒钟形，外面被毛。
　　　　　果宽卵形，宽椭圆形或扁圆形，
　　　　　淡绿白色至橙黄色，密被短绒毛。
　　　　　花期 3 ～ 4 月，果期 8 ～ 9 月。
地理分布：原产我国，广泛栽培。
主要习性：喜光，喜温暖气候，能耐 -20℃ 低
　　　　　温，适应性强，喜生于排水良好
　　　　　的沙质土壤，不耐水湿，不适重
　　　　　粘土。
繁殖方法：播种或嫁接繁殖。
应用范围：为我国重要经济果树，品种很多，
　　　　　是园林结合生产的好树种。

134 山樱花（樱花）

Prunus serrulata Lindl. [*Cerasus serrulate* (Lindl.) G. Don ex London]　蔷薇科、李属

形态特征： 落叶小乔木，高 3～8m。树皮暗栗褐色，光滑。小枝淡褐色，无毛。单叶互生，叶片卵状椭圆形，叶缘有芒状单锯齿或重锯齿。两面无毛，下面苍白色。伞房总状花序，有花 2～3 朵，花白色或粉红色，5 基数，萼钟形或短筒状，先叶开放。果球形，紫黑色。花期 4～5 月，果期 6～7 月。

地理分布： 黑龙江、河北、山东、河南、江苏、浙江、安徽、江西、湖南、贵州等地。

主要习性： 喜光，喜温暖湿润气候，要求肥沃、湿润、排水良好的土壤，浅根系。对烟尘及有害气体抗性较弱。

繁殖方法： 播种繁殖。

应用范围： 是美丽的庭园观赏花木。在日本栽培很多，日本的樱花主要是由本种及其变种与其它种类杂交培育而成。

135 毛樱桃

Prunus tomentosa Thunb. [*Cerasus tomentosa* (Thunb.) Wall.]　蔷薇科、李属

形态特征： 落叶灌木，高 2～3m。嫩枝密被绒毛，冬芽 3 枚并生。单叶互生，叶片椭圆形或倒卵状椭圆形，叶缘具尖锐或粗锐不整齐锯齿，上面被疏柔毛，下面密被灰色绒毛。花单生或 2 朵簇生，5 数；花瓣白色或粉红色；萼筒管状，花梗甚短。核果近球形，熟时红色。花期 4～5 月，果期 6～9 月。

地理分布： 东北地区，内蒙古、山东、山西、河北、河南、陕西、甘肃、宁夏、四川、云南、西藏等。

主要习性： 喜光，稍耐荫，耐寒，耐旱，耐瘠薄土壤，适应性强。根系发达。

繁殖方法： 播种繁殖。播种前种子要进行催芽处理。采用床面条播或点播，其播种量为 0.5kg/10m^2 左右。易成苗，无需特殊管理。当年生苗高 30～50cm。1～3 年生苗可出圃栽植，成活率高。

应用范围： 为优美的花灌木，可植于庭园观赏。果味甜酸可食，也可酿酒；种仁入药或榨油。

136 日本樱花（东京樱花）   *Prunus × yedoensis* Metsum.[*Cerasus yedoensis*(Matsum.) Yü et Lu]   蔷薇科、李属

形态特征：落叶乔木，高达 15m。树皮灰色或暗灰色，平滑。小枝淡紫褐色，幼时有毛。单叶
            互生，叶片椭圆状卵形或倒卵形，先端渐尖或尾尖，基部圆形，叶缘有尖锐重锯齿，
            叶下面沿脉及叶柄被柔毛。伞形总状花序，有花 3 ~ 4 朵，先叶开花，总梗及短；
            花 5 基数，白色或粉红色，花瓣先端凹缺，有香味；萼筒管状被毛。果近球形，黑
            色。花期 4 月，果期 5 月。

地理分布：原产日本，辽宁、山东、山西、北京、河北、河南等有栽培。

主要习性：稍喜光，喜温暖湿润气候，适生于深厚、肥沃、排水良好的沙壤土。抗烟尘能力较强。

繁殖方法：播种或分根繁殖。

应用范围：花朵艳丽，为著名的观赏花木。

137 稠李（臭李子）   *Prunus padus* L. (*Padus racemosa* Gilib.)   蔷薇科、李属

形态特征：落叶乔木，高达 15m。树皮灰褐色，较
            光滑。单叶互生，叶片椭圆形、长圆
            形或长圆状倒卵形，先端渐尖，基部
            圆形或宽楔形，叶缘有细锐锯齿，叶
            柄具腺体。总状花序下垂，有花约 20
            朵，5 基数，白色，清香，成熟时黑色。
            花期 4 ~ 5 月，果期 7 ~ 8 月。

地理分布：东北地区，内蒙古、山东、山西、河北、
            河南等地。

主要习性：稍耐荫，耐寒，喜肥沃、湿润、排水良
            好的沙壤土。不耐干旱瘠薄土壤。

繁殖方法：播种或萌蘖繁殖。播前种子要进行催芽
            处理。采用条播，其播种量为 1kg/10m^2
            左右。当年生苗高 40 ~ 60cm。

应用范围：本种花序长而花色洁白清香，秋叶变黄
            红，是一种良好的观赏树种，又是较
            好的早春蜜源树种，花、果、叶均可
            入药。

138 李（李子）　　　*Prunus salicina* Lindl.　　　蔷薇科、李属

形态特征：落叶乔木，高 9 ~ 12m。树皮灰褐色，起伏不平。小枝褐色，无毛。单叶互生，叶片长圆形或倒卵状椭圆形，尖端渐尖，基部楔形，叶缘有圆钝重锯齿，常混有单锯齿。花白色，通常 3 朵并生，花瓣有明显带紫色脉纹。核果球形，黄色或红色、有时紫色和绿色，外被蜡粉，花期 4 ~ 5 月，果期 7 ~ 8 月。

地理分布：河南、陕西、甘肃，华中、华南和西南有野生各地普遍栽培。

主要习性：喜光，较耐寒，喜排水良好的沙质壤土，怕水涝，对碱性土，钙质土均能适应。

繁殖方法：播种、扦插或嫁接繁殖。播种前种子要进行催芽处理。采用点播，其播种量为 1000 粒 /10m²。当年生苗高 30 ~ 40cm。如嫁接以杏为砧木，果大而寿命长，以桃为砧木，则果大而甜。

应用范围：花繁洁白，是良好庭园绿化观赏树种，又是我国普遍栽培的果树之一。

139 榆叶梅　　　*Prunus triloba* Lindl.　　　蔷薇科、李属

形态特征：落叶灌木，高 2 ~ 3m。小枝细长，冬芽 3 枚并生。单叶互生，叶片宽椭圆形或倒卵形，长 2 ~ 5cm，宽 1.5 ~ 3cm，先端短渐尖，有时有 3 浅裂，基部宽楔形，两面具短柔毛，叶缘具粗锯齿或重锯齿。花 1 ~ 2 朵，先叶开花；萼筒宽钟形；花瓣粉红色，径 1.5 ~ 2cm，5 数。核果近球形，径 1 ~ 1.8cm，熟时红色，外被短柔毛。花期 4 ~ 5 月，果期 5 ~ 7 月。

地理分布：东北地区，内蒙古、山东、山西、河北、陕西、甘肃、江苏、江西、浙江等地。

主要习性：喜光，耐寒，耐旱，耐轻盐碱土，喜排水良好、湿润、肥沃土壤，不耐水涝。

繁殖方法：播种繁殖。播种前种子要进行催芽处理。采用床面条播，其播种量为 1.5kg/10m² 左右。当年生苗高 80 ~ 120cm，可出圃栽植。园林绿化中应带土移植大苗栽植。

应用范围：花繁多而艳丽，为北方地区春天优良花灌木。

常见栽培变种有：

重瓣榆叶梅 *Prunus* cv. Plena. 花重瓣，粉红色。重瓣榆叶梅宜扦插与分株繁殖。

140 山杏（西伯利亚杏）

Prunus sibirica L. [*Armeniaca sibirica* (L.) Lam.]

蔷薇科、李属

形态特征：落叶灌木或小乔木，高 5 ~ 8m。小枝灰褐或浅红褐色。单叶互生，叶片卵形或近圆形，先端长渐尖至尾尖，基部圆形至近心形，叶缘具细钝单锯齿。花单生，先叶开放，白色或粉红色，几无梗。果扁球形，黄色或桔红色；果肉薄。花期 3 ~ 4 月，果期 6 ~ 7 月。

地理分布：东北，内蒙古、山西、河北、河南、甘肃等地。

主要习性：喜光，耐寒，耐干旱瘠薄土壤，对土壤要求不严，不耐水涝。

繁殖方法：播种繁殖。

应用范围：本种花繁色艳，是北方园林常见观赏树种。

141 杏

Prunus armeniaca L. (*Armeniaca vulgaris* Lam.)

蔷薇科、李属

形态特征：落叶乔木。高达 10m。树皮灰褐色，纵裂。小枝红褐色，无毛。单叶互生；叶片宽卵形或圆卵形，先端短渐尖，基部圆形或近心形，叶缘具圆钝单锯齿。花单生，淡红色或近白色，先叶开放，近无梗。果球形，径约 2.5cm 以上。具纵沟，黄色或带红晕。花期 4 ~ 5 月，果期 6 ~ 7 月。

地理分布：全国各地均有栽培。

主要习性：喜光，适应性强，耐寒与耐旱力强，也耐高温，对土壤的适应性强，但不耐水涝。

繁殖方法：多播种繁殖。

应用范围：花密色美，满园春色，是庭园绿化的良好树种之一，为园林结合生产的重要经济果树。

| 142 棣棠花 | *Kerria japonica* (L.) DC. | 蔷薇科、棣棠花属 |

形态特征：落叶灌木，高1～2m。小枝绿色，无毛。单叶互生，叶片卵状椭圆形，长3～8cm，先端长渐尖，基部圆形或微心形，叶缘有尖锐重锯齿，上面无毛或有疏柔毛，下面沿脉和脉腋有柔毛。花单生于当年生侧枝顶端，花5数，全黄色，花直径3～4.5cm。瘦果5～8，离生，倒卵形至半球形，具宿存萼片。花期4～6月，果期6～7月。

地理分布：仅1种，分布于我国和日本。

主要习性：喜光，稍耐荫，喜温暖湿润气候。

繁殖方法：播种繁殖。

应用范围：本种枝叶翠绿，花色金黄，为优良的花灌木树种，宜植于草坪、坡地、林缘等处。可作花篱。

三十六、含羞草科

| 143 合欢（绒花树） | *Albizia julibrissin* Durazz. | 含羞草科、合欢属 |

形态特征：落叶乔木，高达16m。树冠宽广而平展。2回羽状复叶，互生，羽片4～12对，小叶10～30对，镰刀形或窄长圆形，先端锐尖，基部截形，中脉偏于一侧，全缘。头状花序多数，成伞房状排列，萼片、花瓣各5；雄蕊多数，花丝细长，淡红色。荚果扁平带状，黄褐色；种子扁平。花期6～7月，果期8～10月。

地理分布：河北、河南、陕西、辽宁及华东地区。丹东有栽培。

主要习性：喜光，喜生于较温暖的地区，对土壤要求不严，干旱、瘠薄、沙质土都可栽植。其耐涝性较差。

繁殖方法：播种繁殖。采用床面条播，其播种量为150g/10m² 左右。当年生苗高1m左右。园林绿化最好以大苗移栽。

应用范围：本种树形优美，树冠幅大，羽叶雅致，红色绒花鲜艳夺目，为优良园林绿化树种，可植为行道树、遮荫树。树皮和花可供药用。

| 144 山合欢（山槐） | *Albizia kalkora* Prain | 含羞草科、合欢属 |

形态特征：落叶乔木，高达15m。小枝棕褐色。2回羽状复叶互生，羽片2～3对；小叶5～14
　　　　　对，长圆形，先端圆，有细尖，基部截形，中脉明显偏近上缘，两面密生灰白色短
　　　　　柔毛，全缘。头状花序；萼片5，花瓣5，在中部以下合生，雄蕊多数，花丝细长
　　　　　白色。荚果扁平、带状、深褐色。花期6～7月，果期8～10月。

地理分布：华北、西北、华东、华南、西南各地。

主要习性：喜光，喜温暖气候及肥沃湿润的土壤。能耐干旱瘠薄土壤。

繁殖方法：播种繁殖。

应用范围：宜作园林观赏树种。

三十七、苏木科

| 145 山皂荚 | *Gleditsia japonica* Miq. | 苏木科、皂荚属 |

形态特征：落叶乔木，高15～25m。枝刺粗壮，分枝，
　　　　　基部扁。羽状复叶互生，小叶卵状长圆形或
　　　　　卵状披针形，长2～7cm，全缘或有疏齿，
　　　　　上面沿中脉有短柔毛，下面无毛。总状花序
　　　　　腋生，杂性花，黄白色，花丝分离。荚果长
　　　　　20～30cm，质薄而常扭曲，或呈镰刀状。
　　　　　花期4～5月，果期9～10月。

地理分布：黑龙江（虎林）、辽宁、河北、山东、河南、
　　　　　安徽、浙江、江苏、江西、湖南。

主要习性：喜光，稍耐荫，耐旱，耐轻盐碱，适应性
　　　　　强，在酸性土、石灰性土壤均能生长。深
　　　　　根系。

繁殖方法：播种繁殖。因种皮厚，播种前一定要很好
　　　　　进行催芽处理。采用条播，其播种量为
　　　　　3kg/10m^{2}左右。

应用范围：可做园景树也可做行道树。但因有枝刺栽
　　　　　培的地点应远离儿童。

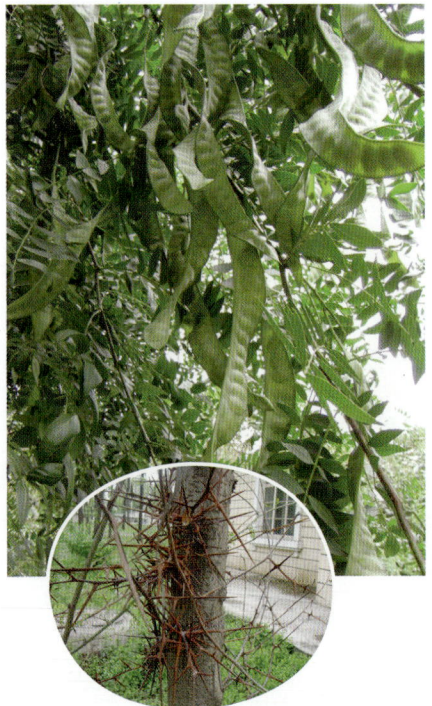

146 皂荚（皂角）　　　　*Gleditsia sinensis* Lam.　　　苏木科、皂荚属

形态特征：落叶乔木，高达 15m。枝刺粗壮，长达 16cm，
　　　　　分枝，基部圆形。1 回羽状复叶互生；小叶
　　　　　3 ~ 7 对；小叶卵形或椭圆状卵形，先端钝，
　　　　　叶缘有细钝齿，下面网脉明显。总状花序腋生，
　　　　　杂性花，黄白色，花丝分离。荚果直伸而扁平，
　　　　　微肥厚，成熟时暗棕色，有光泽；种子卵圆形，
　　　　　红棕色。花期 4 ~ 5 月，果期 9 ~ 10 月。

地理分布：山东、山西、河北、河南、陕西、甘肃以及长
　　　　　江流域以南地区。

主要习性：喜光，不耐庇荫，喜生于深厚、肥沃土壤，
　　　　　但适应性强，在石灰岩山地、石灰质土、微
　　　　　酸性土及轻盐碱土上都能长大成树，在干瘠
　　　　　地生长不良。深根系。对氟化氢、二氧化硫
　　　　　和氯气抗性较强。

繁殖方法：播种繁殖。

应用范围：本种树冠广阔，枝叶浓密，树形优美，是良
　　　　　好园景树、庭荫树及四旁绿化树种。

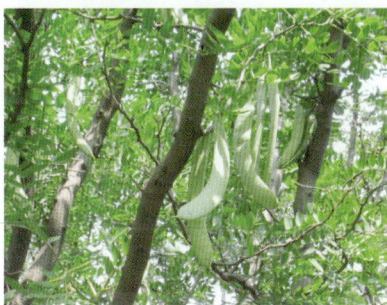

147 紫荆（满条红）　　　　*Cercis chinensis* Bunge　　　苏木科、紫荆属

形态特征：落叶灌木或小乔木，高 2 ~ 4m。小枝灰褐色，
　　　　　具皮孔。单叶互生，叶片近圆形，先端急尖
　　　　　或短渐尖，基部心形或近圆，全缘，掌状脉；
　　　　　叶柄顶端膨大。花先叶开放；紫红色，4 ~ 10
　　　　　朵簇生于老枝叶腋；花冠假蝶形。荚果扁平，
　　　　　带状，沿腹缝线有窄翅。花期 4 月，先叶开放，
　　　　　果期 8 ~ 9 月。

地理分布：湖北西部、辽宁南部、河北、陕西、河南、甘
　　　　　肃、广东、云南、四川等地。

主要习性：喜光，较耐寒，喜湿润肥沃土壤，但能耐干旱
　　　　　瘠薄土壤。萌芽性强。

繁殖方法：播种繁殖。也可压条或分蘖繁殖。

应用范围：本种花多簇生枝头，花色
　　　　　紫红艳丽，为著名庭园观
　　　　　赏花树种。宜丛植庭院、
　　　　　建筑物前及草坪边缘。

三十八、蝶形花科

148 紫穗槐   *Amorpha fruticosa* L.   蝶形花科、紫穗槐属

形态特征：落叶灌木，高 2 ～ 3m。小枝密被柔毛。芽叠生。奇数羽状复叶互生，小叶 11 ～ 25，卵形、椭圆形或披针状椭圆形，先端圆或微凹，有刺尖，基部圆形，全缘，两面被白色短柔毛。顶生穗状花序，蓝紫色。荚果弯曲，棕褐色，有瘤状腺体。花期 5 ～ 7 月，果期 9 ～ 10 月。

地理分布：原产北美洲，我国哈尔滨以南，南至长江流域，西至西北的东南部引种栽培。

主要习性：喜光，适应性强，耐旱，耐涝，耐瘠薄土壤，耐轻度盐碱，萌蘖力特强，生长快。根系发达。有一定抗烟和抗污染能力。

繁殖方法：播种繁殖。采用垄播，其播种量为 1 ～ 1.5kg/亩 *。15 ～ 20 天出苗。

应用范围：宜植于庭园供观赏，或作工矿区绿化、树种，又是公路绿化护、坡固沙、复层防护林带的良好下木。枝可编筐，叶可作饲料及绿肥。

149 柠条锦鸡儿（柠条）   *Caragana korshinkii* Kom.   蝶形花科、锦鸡儿属

形态特征：落叶灌木，高 1.5 ～ 3m。托叶宿存并硬化成刺状。偶数羽状复叶，小叶 12 ～ 16，倒披针形或长椭圆状披针形，先端钝或锐尖，基部宽楔形，两面密生丝状毛。花单生，花冠蝶形，淡黄色；子房被毛。荚果短披针形，深红褐色。花期 5 ～ 6 月，果期 6 ～ 7 月。

地理分布：内蒙古、山西、甘肃、安徽等地，山东、新疆有栽培。

主要习性：喜光，耐干旱，耐瘠薄土壤。常生于沙质土及黄土高原。

繁殖方法：播种繁殖。

应用范围：本种宜用于营造薪炭林、防护林和饲料林，又是水土保持和改良土壤的树种。在园林绿化中可作刺篱。

*1hm² = 15 亩

150 红花锦鸡儿（金雀儿花） *Caragana rosea* Turcz. ex Maxim. 蝶形花科、锦鸡儿属

形态特征：落叶灌木，高 1 ~ 2m。小枝细长，灰黄色或灰褐色；托叶硬化成细刺状。羽状复叶互生，小叶 4，假掌状排列，楔状倒卵形或长椭圆状倒卵形，长 1 ~ 2.5（4）cm，先端圆或微凹，有刺尖。基部楔形，叶缘略反卷。花单生，橙黄带红色，凋谢时变紫红色，旗瓣狭长，萼通常带紫色。荚果圆筒形，长 6cm，红褐色。花期 5 ~ 6 月，果期 7 ~ 8 月。

地理分布：辽宁、山东、山西、河北、河南、陕西、甘肃、江苏、浙江、四川。

主要习性：喜光，耐寒，耐干旱，耐瘠薄土壤。

繁殖方法：播种繁殖。可直播，5 ~ 10 天便发芽出苗。垄播或床面条播均可。采用床面条播，其播种量为 0.8kg/10m² 左右。

应用范围：为园林绿化中很好的花灌木，亦可作花篱、刺篱。

151 树锦鸡儿 *Caragana sibirica* Fabr. 蝶形花科、锦鸡儿属

形态特征：落叶灌木或小乔木，高 2 ~ 5m。长枝上的托叶有时宿存而硬化成粗壮针刺。偶数羽状复叶互生或簇生，小叶 8 ~ 14，长圆状卵形至长椭圆形，先端钝圆具小尖头，基部圆形，幼时两面被毛。花 2 ~ 5 朵簇生；花冠黄色，蝶形花；花梗长为萼 2 倍以上。荚果圆筒形，稍扁，长 4 ~ 6cm。花期 5 ~ 6 月，果期 7 ~ 8 月。

地理分布：东北、华北及西北。

主要习性：喜光，耐寒，耐干旱，耐瘠薄土壤。

繁殖方法：播种繁殖。可直播，5 ~ 10 天便发芽出苗。垄播或床面条播均可。采用床面条播，其播种量为 0.8kg/10m² 左右。

应用范围：宜植于庭园观赏或作绿篱。可作沙区造林树种。

152 胡枝子   *Lespedeza bicolor* Turcz.   蝶形花科、胡枝子属

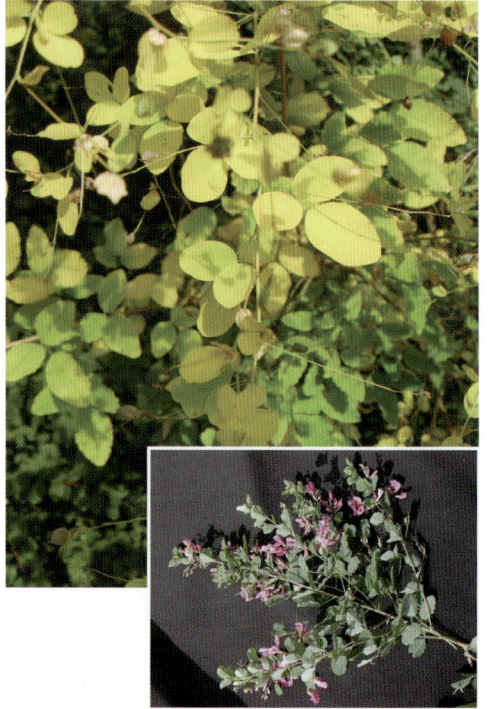

形态特征：落叶灌木，高达 2m。羽状 3 出复叶互生，有长柄；顶生小叶椭圆形或卵状椭圆形，先端钝或凹，有小尖，基部圆形，两面疏被短毛；侧生小叶略小。总状花序腋生，较叶长，花序每节苞片腋内生 2 花；花冠蝶形，紫红色。荚果斜卵形，花期 6～9 月，果期 9～10 月。

地理分布：东北，内蒙古、河北、山东、山西、陕西、甘肃等地。

主要习性：喜光，耐寒，耐干旱，耐瘠薄土壤，适应性强。

繁殖方法：播种繁殖。种子可直播，10～20 天出苗，播种量约为 5kg/ 亩。当年生苗高可达 1m。

应用范围：本种花期长，为优良的夏秋季观花灌木，宜植于庭园、草坪、假山等地。也是固沙护岸及水土保持造林树种。

153 葛藤（葛）   *Pueraria lobata* (Willd.) Ohwi   蝶形花科、葛属

形态特征：落叶缠绕藤本，块根肥厚。全株被黄色粗长毛。3 出复叶互生，顶生小叶菱状卵形，先端渐尖，全缘，有时 3 浅裂，侧生小叶宽卵形，有时具裂片，基部偏斜，有时具 2～3 裂。总状花序腋生，偶有分枝，花密集；花冠蝶形，紫红色。荚果条形，扁平，密被黄褐色长硬毛。花期 8～9 月，果期 9 月。

地理分布：我国除黑龙江、新疆、西藏外，其他地区。

主要习性：喜光，较耐寒，耐干旱，耐瘠薄土壤。

繁殖方法：播种繁殖。

应用范围：全株匍匐蔓延，覆盖地面，为一种良好的水土保持和地被树种。

154 刺槐（洋槐）　　　　　*Robinia pseudoacacia* L.　　蝶形花科、刺槐属

形态特征：落叶乔木，高 10 ～ 20cm。树皮褐色，纵裂。小枝无刺毛。1 回奇数羽状复叶互生，小叶 7 ～ 25 片；叶片椭圆形或长卵形先端圆或微凹，基部圆形，具托叶刺。总状花序腋生；萼钟状，有柔毛；花冠蝶形，白色、芳香。荚果扁平，带状，褐色；种子肾形，黑色。花期 4 ～ 5 月，果期 7 ～ 8 月。

地理分布：原产北美洲，我国几遍全国具有栽培，尤以华北及黄河流域最为普遍。

主要习性：喜光，不耐荫，根系发达，萌蘖性强，有根瘤，具有一定的抗旱性。但不耐涝。抗烟尘，具一定抗 盐碱能力。

繁殖方法：播种或无性繁殖。

常见栽培变种：

无刺槐 *Robinia pseudoacacia* ‘Inermis’ 枝无托叶刺或近无刺。

球冠无刺槐 *Robinia pseudoacacia* ‘Umbraculifera’ 分枝细密，近无刺，树冠紧密，近球形。

155 毛刺槐（毛洋槐、江南槐）　　　*Robinia hispida* L.　　蝶形花科、刺槐属

形态特征：落叶灌木；茎、枝、叶柄及花序上均密生红色长刺毛。托叶不变为刺状。小叶 7 ～ 13，广椭圆形至近圆形，无毛，叶端钝而有小尖头。花粉红色或淡紫色，大而美丽，2 ～ 7 朵成稀疏之总状花序；6 ～ 7 月开花，很少结果。荚果具腺状刺毛。

地理分布：原产美洲，北京、河北、河南、山东均有栽培。

主要习性：喜光、耐寒，耐贫瘠、喜排水良好土壤；萌蘖性强。

繁殖方法：通常以刺槐作砧木进行嫁接繁殖。

应用范围：本种花大色美，宜于庭院、草坪边缘、园路旁丛植或孤植观赏，也可作基础种植用。行高接者能形成小乔木状，可供园内小路作行道树用。

156 槐树（国槐）　　　　　*Sophora japonica* L.　　　蝶形花科、槐属

形态特征：落叶乔木，高达 25m。小枝绿色，无顶芽，侧芽为柄下芽。1 回奇数羽状复叶互生，卵形至披针状卵圆形，下面苍白色，被平伏毛。圆锥花序顶生；花萼宽钟状；花冠蝶形，黄白色。荚果念珠状，肉质不裂；种子 1～6。花期 6～8 月，果期 9～10 月。

地理分布：原产我国，北自东北南部，西至陕西、甘肃，西南至四川、云南，南至广东、广西均有栽培。

主要习性：幼年稍耐荫，以后喜光，喜深厚、湿润、肥沃、排水良好的沙壤土，适应较干冷气候。深根系，抗风力强，对二氧化硫、氯气、氯化氢及烟尘等有毒气体抗性较强。寿命长，生长快。耐修剪。

繁殖方法：播种或萌蘖繁殖。由于槐树种子的种皮透水性差，播种前要注意催芽处理。如果是作行道树需养大苗移栽。

应用范围：树冠宽广，树姿优美，耐烟尘及抗有害气体力强，宜作行道树及遮荫树，也是工矿区良好绿化树种。

157 紫藤（藤萝、朱藤）　　　*Wisteria sinensis* (Sims) Sweet　蝶形花科、紫藤属

形态特征：落叶缠绕大藤本，长达 18～30m。奇数羽状复叶互生，小叶 7～13，卵形至卵状披针形，先端渐尖，基部圆形或宽楔形。总状花序侧生，下垂，花冠紫色或紫红色。荚果扁，密生灰黄色绒毛。花期 4～5 月，果期 9～10 月。

地理分布：辽宁、内蒙古、河北、河南、江西、山东、江苏、浙江、湖北、湖南、陕西、甘肃、四川、广东等地均有栽培。

主要习性：喜光，略耐荫，喜深厚、排水良好、肥沃的疏松土壤，有一定抗旱能力，又耐水湿和瘠薄土壤，对城市环境适应力强。

繁殖方法：用播种、扦插繁殖，也可分株、压条繁殖。

应用范围：本种生长迅速，枝叶繁茂，花大而美具香气。是庭院花架、花廊绿化优良树种。

158 龙爪槐
Sophora japonica L. 'Pendnla'

槐树（国槐）的栽培变种，与其原栽培变种不同的是小枝屈曲下垂。

159 紫花槐
Sophora japonica L. 'Violacea'

槐树（国槐）的栽培变种，与其原栽培变种不同的是翼瓣及龙骨瓣玫瑰紫色，花期晚。

160 五叶槐
Sophora japonica L. f. *oligophylla* Franch.

槐树（国槐）的变型，与其原栽培变种不同的是小叶 3 ~ 5，顶生小叶常 3 裂，侧生小叶下侧常有大裂片。

161 白花三叶草　　　　　　　　　　　*Trifolium repens* L.　　　蝶形花科、车轴草属

形态特征：多年生低矮草本。具匍匐茎，节部着地生根。指状复叶互生，具细长叶柄；小叶3，叶片倒卵形至倒心形，近无柄。花多数，密集成头状花序，花序具长梗，高于叶面；萼管陀螺形，裂齿5，近相等；花冠蝶形，白色或淡红色，旗瓣长圆形，翼瓣狭窄，龙骨瓣劲直；雄蕊10，二体（9＋1）；子房有胚珠2～4。荚果倒卵状长圆形，包于膜质膨大的宿萼内。花期6～7月。

地理分布：原产欧洲。东北、华北、华东等地有栽培。

主要习性：喜光，耐寒，适应性强，喜肥沃、湿润的微酸性至中性土壤。多见于低湿草地、路旁湿地生长。种子自播繁衍力强。

繁殖方法：播种或匍匐茎繁殖。

应用范围：本种花叶均美，宜作封闭式观赏草坪。

三十九、牻牛儿苗科

162 天竺葵（石腊红、入腊红、绣球花、洋绣球、日烂红、洋葵）　*Pelargonium hortorum* Bailey　　牻牛儿苗科、天竺葵属

形态特征：多年生宿根观花、观叶草本，常作一年生或多年生栽培。直立性或半蔓性，茎基木质化，被腺毛，有特殊气味，茎粗质脆，多汁，高约20～60cm。单叶互生，柄长，圆形至肾形，直径8～10cm，边缘具锯齿，叶色有绿叶、黄绿、黑紫、斑叶等变化，大多数品种具有马蹄状斑纹或条纹。伞形花序有小花十数朵，腋生，花梗较长，花蕾下垂，花径1.5～4cm，花瓣有单瓣、半重瓣、重瓣型，花色为粉红、红、白、橙红、紫、双色等颜色，全年开花，春季为盛花期。园艺品种较多。

地理分布：原产南非，我国各地均有栽培。

主要习性：要求阳光充足，全日照、半日照均可。喜温暖，有凉爽夜温的气候；忌高温多湿；生育适温5～25℃；大多数品种夏季休眠，应减少水肥。需通风良好，避免长期潮湿，特别注意避免叶面喷水及其他增湿措施，浇水应见湿见干。喜肥沃、疏松、排水良好、微碱性的沙质土壤，忌强酸性土壤。修剪摘叶可促进其开花。

繁殖方法：播种或扦插繁殖。

应用范围：本种重要的节日花坛、绿地植物材料，可布置窗台、阳台应用，也是室内盆栽的重要观赏植物。在园林应用中还常用马蹄纹天竺葵 *Pelargonium zonai*、盾叶天竺葵 *Pelargonium peltatum*、大花天竺葵 *Pelargonium domesticum*（或 *P.grandiflorum*）。

四十、芸香科

163 黄檗

Phellodendron amurense Rupr.　芸香科、黄檗属

形态特征：树高达 10～20m，成年树的树皮有厚木栓层，浅灰或灰褐色，深沟状或不规则网状开裂，内皮薄，鲜黄色，味苦，小叶 5～13 片，卵状披针形或卵形，长 6～12cm，秋季落叶前。叶色由绿转黄而明亮；花序顶生，花瓣紫绿色，长 3～4mm；果圆球形，径约 1cm，蓝黑色，种子通常 5 枚。花期 5～6 月，果期 9～10 月。

地理分布：主产于东北和华北各省，河南、安徽北部、宁夏也有分布，内蒙古有少量栽培。也见于中亚和欧洲东部。

主要习性：喜光，不耐荫，耐寒。喜适当湿润、排水良好的中性或微酸性壤土，在粘土及贫薄土地上生长不良。喜肥喜湿树种。萌生能力很强。生长速度中等。寿命约 300 年。

繁殖方法：多用播种法繁殖。果实成熟后仍能存留于树上较长时间。

应用范围：树冠宽阔，秋叶黄色，可植为孤赏树、庭荫树或成片栽植。

164 臭檀

Evodia daniellii (Benn.) Hemsl.　芸香科、吴茱萸属

形态特征：落叶乔木，高达 15m。树皮暗灰色，平滑。裸芽。幼时密被短柔毛。奇数羽状复叶对生。小叶 7～11，卵形至长圆状卵形，先端渐尖，基部圆形，叶缘有钝锯齿，叶下面脉腋被白色长柔毛。聚伞圆锥花序顶生，花序轴及花梗有毛；花小，单性异株，白色，5 基数。聚合蓇葖果，4～5 瓣裂，紫红色，先端有喙状尖，每瓣内含 2 粒黑色种子。花期 6～7 月，果期 10 月。

地理分布：产于辽宁南部、河北、山西、河南、陕西、甘肃等地区，以秦岭为中心。朝鲜、日本也有分布。

主要习性：喜光，深根系。喜生于阳光充足、土层深厚的环境。

繁殖方法：播种繁殖。

四十一、苦木科

165 臭椿（樗树）

Ailanthus altissima (Mill.) Swingle　苦木科、臭椿属

形态特征：落叶乔木，高达 30m。树皮平滑或略有浅纵裂。奇数羽状复叶互生，小叶 13 ~ 25 片，叶片卵状披针形，先端长渐尖，基部圆形或宽楔形，具 1 ~ 2、稀 3 个大腺齿，上部全缘，叶下无毛或沿中脉被毛，搓之有臭味。圆锥花序，翅果椭圆形；种子 1，生于翅果中部。花期 5 ~ 6 月，果期 9 ~ 10 月。

地理分布：我国除黑龙江、吉林、新疆、青海、宁夏、甘肃及海南外，其他地区均有栽培。

主要习性：喜光，适应性强，耐干旱、脊薄土壤和中度盐碱土，不耐水湿。喜生于钙质土壤上。有一定的耐寒能力，能耐 −35℃ 低温，对烟尘和二氧化硫抗性很强。深根系，萌蘖性强，生长较快。

繁殖方法：播种繁殖，也可分蘖或根插繁殖。播种前将种子浸泡于水中一天，然后取出混沙后置于 10 ~ 20℃ 温度下，保持 60% 湿度催芽，10 ~ 20 天便可出芽。采用床面条播，其播种量为 $150g/10m^2$ 左右。当年生苗高达 1m 左右。

应用范围：本种树姿雄伟，枝叶繁茂，春季嫩叶紫红颇为美观，是优良遮荫树、行道树及工矿绿化树种。

栽培变种有：

千头臭椿 *Ailanthus altissima*. 'Qiantou'。

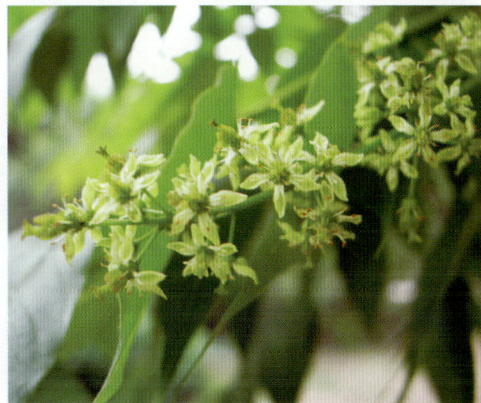

四十二、棟科

166 香椿　　　　　　　　　*Toona sinensis* (A. Juss.) Roem.　棟科、香椿属

形态特征：落叶乔木，高达 25m。树皮暗褐色，长条片状纵裂。小枝粗壮，叶痕大，扁圆形。偶数羽状复叶（稀奇数）互生，小叶 10 ～ 20 片，叶片长圆形和长圆状披针形，先端长渐尖，基部不对称，全缘或有不明显钝锯齿。复聚伞花序顶生；花 5 数，白色。蒴果 5 瓣裂。花期 6 月，果期 10 ～ 11 月。

地理分布：原产我国中部和南部，东北至辽宁南部，西至甘肃，北至内蒙古南部，南到广东均有栽培。

主要习性：喜光，喜温暖湿润气候，不耐严寒，气温在 -27℃ 易遭冻害，耐旱性较差，对土壤要求不严，在中性、酸性及微碱性（pH 值 5.5 ～ 8.0）的土壤均能生长，深根系，根蘖力强，生长速度中等偏快。

繁殖方法：播种繁殖。

应用范围：本种树干通直，材质优良，素有"中国桃花心木"之誉，是优良用材树种。其树冠大而荫浓，又是很好的四旁绿化树种，可植为行道树和遮荫树。嫩芽味鲜美，作蔬食，根、皮、核果可入药。

四十三、漆树科

167 黄栌（红叶）　　　　　*Cotinus coggygria* Scop var. *cinerea* Engl.　漆树科、黄栌属

形态特征：落叶灌木，高 3 ～ 5m。枝红褐色。单叶互生，叶片卵圆形或倒卵形，先端圆形或微凹，基部圆形或宽楔形，全缘，侧脉 6 ～ 11 对，两面被灰色柔毛，下面尤密。花杂性，黄色，排成顶生圆锥花序，花很多伸长成紫色羽毛状的不孕性花梗。核果小，肾形，无毛。花期 4 ～ 5 月，果期 6 ～ 7 月。

地理分布：西南、华北和浙江等地区。

主要习性：喜光，较耐寒，耐干旱。管理较粗放。

繁殖方法：播种、压条、分株、根插繁殖均可。

应用范围：本种枝水平开展成整齐两列状，宛如蜈蚣，平铺地面，故又称铺地蜈蚣，甚为美观，入秋红果累累，经冬不落，极为夺目，是良好的地被植物，最宜作基础种植及布置岩石园的材料，也可植于斜坡、路旁和假山旁供观赏。

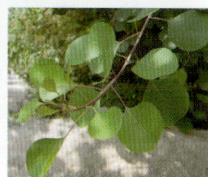

168 阿月浑子　　　　　　　　*Pistacia vera* L.　　　漆树科、黄连木属

形态特征：落叶小乔木，高达 10m。树皮灰褐色，有圆形突出的皮孔。奇数羽状复叶互生，小叶 3～5 对，通常 3，卵形或宽椭圆形，先端钝或急尖，基部宽楔形或圆形，顶端小叶较大，侧生小叶基部常不对称，全缘。圆锥花序腋生；花单性异株。核果长圆形，成熟时果皮干燥开裂。花期 4 月，果期 7～9 月。

地理分布：原产叙利亚、伊拉克、伊朗、阿富汗等国有野生丛林。我国新疆、陕西等地有栽培。

主要习性：喜光，耐寒，耐高温，能耐 −32.8℃ 低温和 43.8℃ 高温，性耐干燥，要求土壤排水良好，过于阴湿或积水地方不能生长，不耐盐碱。根蘖萌生力强。抗污染。

繁殖方法：播种繁殖。

应用范围：宜作园景树观赏。为珍贵木本油料和干果树种，市场上销售的"开心果"就是其中的一个品种。也可作为半沙漠地带和丘陵山坡的造林树种。

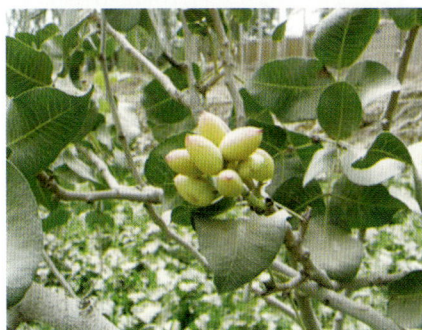

169 火炬树　　　　　　　　*Rhus typhina* Torner.　　　漆树科、盐肤木属

形态特征：落叶小乔木，高达 8m。小枝粗壮，密被长绒毛。奇数羽状复叶互生，小叶 9～23（11～31），长椭圆状披针形或披针形，先端长渐尖，基部圆形或宽楔形，叶缘有锯齿。圆锥花序顶生，密被毛；花 5 基数。核果深红色，密被绒毛，密集成火炬形。花期 6～7 月，果期 8～9 月，经冬不落。

地理分布：原产北美洲。我国东北、华北、西北等地有栽培。

主要习性：喜光，适应性极强，耐干旱，耐瘠薄土壤，而且耐涝和耐盐碱。根系发达，根蘖萌发力极强。

繁殖方法：播种繁殖。

应用范围：雌花序和果序均为红色而形似火炬，秋叶变红，十分艳丽，是优良的园景树，植于园林绿地供观赏。又是水土保持及固沙优良树种。

四十四、槭树科

170 茶条槭 · Acer ginnala Maxim. · 槭树科、槭树属

形态特征：落叶乔木，高达 9m。常成灌木状。树皮灰褐色微纵裂。小枝无毛。单叶对生，叶片卵形和卵状椭圆形，常 3 裂，中裂片特大，基部心形或近圆形，边缘有不规则重锯齿；叶柄及主脉常带紫红色。花序圆锥状，无毛。翅果两翅开展成锐角或近直立。花期 4 ～ 5 月，果期 8 ～ 9 月。

地理分布：我国东北东部山区至长江流域以北地区。

主要习性：喜光，喜湿，耐寒，喜生于向阳山地，多成灌木。深根系，萌蘖性强。

繁殖方法：播种繁殖。

应用范围：本种深秋叶色变红，为行道树配置及公园、庭园观赏的红叶树种，也可栽作绿篱及小型行道树。嫩叶可代茶。

171 五角枫（色木、五角槭、地锦槭） · Acer mono Maxim. · 槭树科、槭树属

形态特征：落叶乔木，高达 20m。树皮灰色或灰褐色，纵裂。单叶对生，掌状 5 裂，偶有 3 裂或 7 裂，裂片三角状卵形，基部近心形或稍心状截形，全缘，下面脉腋有簇生毛。伞房花序；花小，黄绿色。果翅成钝角或近平展。花期 5 ～ 6 月，果期 9 ～ 10 月。

地理分布：东北东部山区，华北和长江中下游地区。

主要习性：稍耐荫，喜湿润凉爽气候，喜生于土层深厚的肥沃土壤。在酸性、中性、石灰岩上均能生长。

繁殖方法：播种繁殖。

应用范围：树冠伞形，姿态优美，入秋叶变黄，宜作遮荫树、行道树及风景林树种。

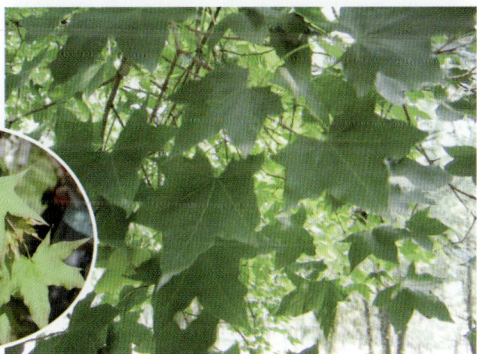

172 复叶槭（羽叶槭） *Acer negundo* L. 槭树科、槭树属

形态特征：落叶乔木，高达 20m。小枝常具白粉。羽状复叶对生，小叶 3 ~ 5，长卵形、卵形或卵状披针形，基部宽楔形，具不规则粗锯齿，叶下面沿脉及脉腋有毛。总状花序；花无瓣。果序下垂，两翅开展成锐角。4 ~ 5 月先叶开花，8 ~ 9 月果熟。

地理分布：原产北美洲。我国东北、华北、华东，内蒙古、新疆一带有栽培。

主要习性：喜光，喜冷凉气候，较耐干冷，耐轻盐碱，耐烟尘，根萌芽性强，生长较快。在东北、华北生长良好，几乎无病虫害。在温湿地区生长较差。

繁殖方法：播种繁殖。播种多采用垄播，其播种量为 10g/m^2 左右。当年生苗高 90 ~ 130cm。当年可出圃栽植。

应用范围：本种树冠广阔，为北方地区极普遍的行道树、遮荫树及防护林树种。

173 元宝枫（平基槭、华北五角枫）*Acer truncatum* Bunge 槭树科、槭树属

形态特征：落叶乔木，高达 10m。树皮灰黄色纵裂。单叶对生，掌状 5 裂，裂深达叶片中部 1/3 处，稀 7 裂，裂片三角状卵形，叶基部截形或近截形，稀稍心状截形，全缘。伞房花序直立，顶生；花小而黄绿色。果翅与小坚果近等长，两翅开展成钝角；果核扁平，基部截形或近圆。花期 5 月，果期 9 月。

地理分布：主产长江中下游地区，东北南部也有分布。

主要习性：稍耐荫，喜侧方庇荫，喜生于阴坡湿润山谷，喜温凉气候及肥沃、湿润而排水良好的土壤。在酸性土、中性土及钙质土上均能生长。有一定耐旱能力，但不耐涝。能耐烟尘及有毒气体，对城市环境适应性强。萌蘖性强。

繁殖方法：播种繁殖。采用床面条播，其播种量为 0.5kg/10m^2 左右。当年生苗高 50 ~ 70cm，2 年生可出圃栽植。

应用范围：树形优美，叶形秀丽，秋叶变黄或红色。宜作行道树、遮荫树和风景林树种。

四十五、无患子科

174　栾树

Koelreuteria paniculata Laxm.　无患子科、栾树属

形态特征：落叶乔木，高达 15m。1 ～ 2 回奇数羽状复叶互生，小叶 7 ～ 15。卵形或卵状披针形，边缘具粗锯齿或缺裂，下面沿脉有毛。圆锥花序；花 5 数，小而不整齐，金黄色。蒴果三角状长卵形，中空，果皮膜质，3 裂，种子球形，黑色。花期 6 ～ 7 月，果期 9 ～ 10 月。

地理分布：产我国北部及中部，东北南部，西至甘肃，东南均有分布，以华北较常见。

主要习性：喜光，较耐寒，耐旱，在土壤瘠薄干燥的石灰质山地阳坡上亦能生长，最适生于深厚、湿润的壤土上，深根系，萌芽力强，有较强的抗烟尘能力，病虫害少。

繁殖方法：播种或分蘖繁殖。播种前种子要进行催芽处理。将种子水浸 1 ～ 2 天，取出混沙后置于 5 ～ 20℃温度下，50 ～ 60 天即可播种。当年生苗高 20 ～ 30cm。

应用范围：本种树大荫浓，枝叶秀丽，夏日黄花满树，入秋叶色变黄，是理想观赏遮荫树和行道树。也可作水土保持及荒山造林树种。

175　文冠果

Xanthoceras sorbifolia Bunge　无患子科、文冠果属

形态特征：落叶灌木或小乔木，高达 8m。树皮灰褐色，条裂。幼枝被毛。奇数羽状复叶互生，小叶 9 ～ 19，长椭圆形或披针形，先端尖，基部楔形，叶缘具锐齿，下面疏被星状毛。花杂性，顶生总状或圆锥花序；萼片、花瓣均为 5，雄蕊 8；花瓣白色，缘有皱波，基部有紫红色斑点。蒴果球形，果皮木质，3 瓣裂；种子球形，黑褐色。花期 4 ～ 5 月，果期 7 ～ 9 月。

地理分布：原产我国北部。山东、山西、河北、陕西、甘肃、河南、黑龙江、吉林、辽宁、内蒙古有栽培。

主要习性：喜光，抗寒力强，适应性强，耐干旱，耐瘠薄土壤及盐碱，但不耐水湿。深根系，萌蘖力强。

繁殖方法：播种繁殖。

应用范围：本种花繁果大，枝叶翠绿茂密，为我国优良特产花灌木兼重要油料树种。

四十六、七叶树科

176 七叶树

Aesculus chinensis Bunge　七叶树科、七叶树属

形态特征：落叶乔木，高达 25m。树皮灰褐色，长方状剥落。
小枝粗壮，无毛。掌状复叶对生，小叶 5 ~ 7，通
常 7，倒卵状椭圆形或长圆状椭圆形，基部楔形，
叶缘细锯齿，侧脉 13 ~ 17 对，下面仅沿脉疏被毛。
顶生圆锥花序；萼 4 裂；花瓣 4，白色。蒴果扁
球形，无刺，顶端扁平，褐黄色，密生皮孔；种
子扁球形，径 2 ~ 3cm。花期 5 月，果期 9 ~ 10 月。

地理分布：秦岭有野生。黄河流域及东部各地均有栽培。

主要习性：喜光，稍耐荫，喜温和湿润气候，不耐寒，喜肥沃、
湿润土壤。深根系，萌力不强，不耐移植。

繁殖方法：播种、嫁接、压条繁殖。

应用范围：本树种叶大荫浓，树冠开阔，花美，为华北著名观
赏树，宜作行道树及遮荫树。

四十七、凤仙花科

177 凤仙花（指甲花、小桃红、急性子、透骨草）

Impatiens balsamina L.　凤仙花科、凤仙花属

形态特征：1 年生草花。茎多汁，肉质呈半透明，较粗，节部膨大，绿色或红色，其区别与花
色有关，高 30 ~ 90cm。单叶互生，下部叶近对生，披针形，有粗锯齿。花两性，
单朵或数朵簇生于上部叶腋，或呈总状花序；萼片 3，侧面二枚小，下面一枚大，向
外延伸成一距；花瓣 5；花色有白色、粉红色、玫瑰红色、紫色、杂色或带斑点条纹；
雄蕊 5。蒴果，纺锤形，成熟时开裂，种子弹出，因此应及时采种。花期 6 ~ 8 月。

地理分布：原产印度、马来西亚及我国南部地区。全国各地
均有栽培。

主要习性：喜光，耐荫；不耐寒，生育适温 20 ~ 35℃；不耐
干旱，喜湿润气候。对土壤适应性强，瘠薄土壤
也能生长；适生于深厚、湿润、疏松、排水良好
的微酸性土壤。通风不良易生白粉病。

繁殖方法：以播种繁殖为主，宜春播，也可扦插繁殖。

应用范围：花色丰富，花期长，花型有
单瓣、重瓣，植株有高生及
矮生品种。适用于花坛、花境、
花丛，也可作盆栽。

四十八、卫矛科

178 南蛇藤（过山风、蔓性落霜红） *Celastrus orbiculatus* Thunb. 卫矛科、南蛇藤属

形态特征： 落叶藤本。单叶互生，叶片宽椭圆形或近圆形，长 5 ~ 10cm，先端突短尖或钝尖，基部楔形或圆形，边缘具细钝齿；叶柄长达 2cm。短总状花序腋生，有花 5 ~ 7，花部 5 数。蒴果球形，径约 1cm，3 瓣裂；种子每室 2，假种皮红色。花期 5 月，果期 9 ~ 10 月。

地理分布： 东北、华北、西北、华东、西南、华中地区均有分布。

主要习性： 喜光，适应性强，在土壤肥沃而排水良好、气候湿润处生长良好。

繁殖方法： 通常用播种繁殖，也可压条或扦插繁殖。播种繁殖种子要在播前 15 ~ 20 天进行催芽处理。

应用范围： 本种叶色入秋后变红，鲜黄色的果实开裂后露出鲜红色假种皮，艳丽夺目，是著名观果、观叶植物，可作观赏或作棚架绿化及的被植物。

179 白杜（丝棉木、明开夜合） *Euonymus maackii* Rupr. (*Euonymus bungeanus* Maxim.) 卫矛科、卫矛属

形态特征： 落叶小乔木，高达 6m。小枝细长，绿色。单叶对生，叶片卵形、卵状椭圆形或窄椭圆形，长为叶片长的 1/4 ~ 1/3，但有时较短。聚伞花序 3 至多花，花序梗略扁；花 4 数，淡白绿色或黄绿色，蒴果倒圆心形，4 浅裂，成熟后果皮粉红色；种子假种皮橙红色。花期 5 ~ 6 月，果期 9 月。

地理分布： 东北（小兴安岭以南）、华北、华中、华东，南至福建等地。

主要习性： 稍耐荫，适应性强，耐干旱，也耐水湿。抗二氧化硫、氯气、氯化氢、二氧化氮和烟尘力强。深根系。根蘖力强。

繁殖方法： 播种繁殖。播种前种子需进行催芽处理。

应用范围： 本种枝叶秀丽，秋后红果累累，可植为园景树观赏。

180 卫矛（鬼箭羽） *Euonymus alatus* (Thunb.) Sieb. 卫矛科、卫矛属

形态特征：落叶灌木，高达 3m。小枝常具 4 木栓质宽翅。单叶对生，叶片椭圆形或倒卵状椭圆形，先端尖，基部楔形。聚伞花序有花 3 ~ 9；5 数；雄蕊具花丝；花小，浅绿色。蒴果，果瓣 4 深裂。种子具桔红色假种皮。花期 5 ~ 6 月，果期 9 ~ 10 月。

地理分布：产东北、华北、西北至长江流域等地区。

主要习性：喜光，稍耐荫，耐寒，适应性强，耐修剪。对二氧化硫有较强的抗性。

繁殖方法：播种繁殖。

应用范围：枝翅奇特，秋叶变红，红果累累，颇为美观，为优良园林观赏及厂区绿化树种，宜作绿篱使用。

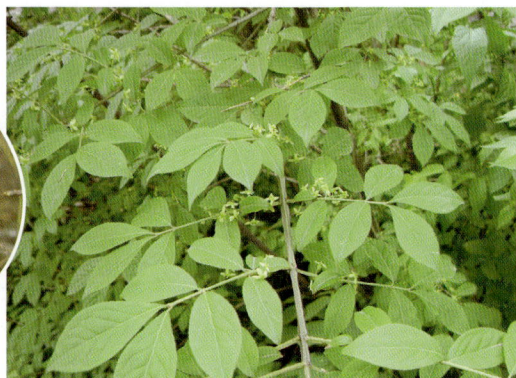

四十九、黄杨科

181 黄杨 *Buxus sinica* (Rehd. et Wils.) Cheng ex M. Cheng 黄杨科、黄杨属

形态特征：常绿灌木，稀小乔木，高达 7m。小枝有毛。单叶对生，全缘；叶片倒卵状或椭圆形，先端圆或微凹，基部楔形，下面中脉基部及叶柄有毛。花簇生叶腋，顶端 1 雌花，余为雄花；雌花萼 6 裂。蒴果近球形，花柱宿存。花期 4 月，果期 7 月。

地理分布：河南、江西、陕西、甘肃、江苏、安徽、浙江、广东、广西、湖北、四川、贵州。

主要习性：喜温暖湿润气候及肥沃的中性及酸性土壤上，较耐荫，耐寒性不强，但抗烟尘，对多种有毒气体抗性强。生长慢，耐修剪。

繁殖方法：播种或扦插繁殖。

应用范围：各地栽培于庭园供观赏或作绿篱用，也是制作盆景的好材料。木材供雕刻及细木工用，根、枝、叶供药用。

182 雀舌黄杨　　　　　　　*Buxus bodinieri* Levl.　　　　黄杨科、黄杨属

形态特征： 常绿灌木，高达 2m。小枝微有毛。单叶对生，全缘；叶片倒披针形或长圆状倒披针形，先端钝圆，微凹，基部窄楔形，近无柄，微被毛。花簇生叶腋，顶端 1 雌花，余为雄花。蒴果卵形，宿存花柱直立。花期 2 月，果期 5 ～ 8 月。

地理分布： 陕西、甘肃、河南、湖北、湖南、广东、广西、浙江、江西、四川、云南、贵州。

主要习性： 稍耐荫，有一定耐寒性，喜生于平地或山坡林下和溪边。生长慢，萌蘖性强。

繁殖方法： 扦插为主，也可压条和播种繁殖。

应用范围： 常作绿篱树种，也可盆栽观赏或作盆景。

五十、鼠李科

183 北枳椇（拐枣）　　　　*Hovenia dulcia* Thunb.　　　鼠李科、枳椇属

形态特征： 落叶乔木，高达 25m。树皮灰黑色，纵裂。单叶互生，卵形或宽卵形，先端渐尖，基部近圆形，叶缘具较粗钝锯齿，基部 3 出脉，叶柄及主脉常带红色。复聚伞花序腋生或顶生；花小，淡黄绿色，5 基数。花序轴在结果实膨大，肉质，扭曲，经霜后味甜可食，俗称"鸡爪梨"；果球形。花期 5 ～ 7 月，果期 8 ～ 10 月。

地理分布： 华北至长江及其以南地区，西至陕西、四川、云南等地。

主要习性： 喜光，喜生于肥沃、湿润的土壤，生长较快。

繁殖方法： 播种繁殖。

应用范围： 本树种树形优美，枝叶浓密，宜作行道树和遮荫树。

184 鼠李（老鹳眼）　　　*Rhamnus davurica* Pall.　　鼠李科、鼠李属

形态特征：落叶灌木或小乔木，高达 10m。枝端常有较大的顶芽而不形成刺，或有时仅分叉处具短针刺。单叶于长枝上对生或近对生，在短枝上簇生；叶片卵形或宽椭圆形，叶缘具圆齿状细锯齿，叶下面沿脉被白色疏柔毛。花小，黄绿色，4 基数，3～4 朵生于叶腋或簇生于短枝上。核果球形，熟时紫黑色，具 2 分核，种子背侧有与种子等长的狭纵沟。花期 5～6 月，果期 8～9 月。

地理分布：东北、华北、内蒙古等地区。

主要习性：喜光，耐寒，耐干旱瘠薄土壤，适应性强。

繁殖方法：播种繁殖。播种前种子要进行催芽处理。采用条播，其播种量为 150g/10m² 左右。当年生苗高 20～50cm。

应用范围：可植为庭园观赏。

185 新疆鼠李（土茶叶）　　　*Rhamnus songorica* Gontsch.　　鼠李科、鼠李属

形态特征：落叶灌木，高约 1m。枝端具钝刺。单叶互生或在短枝上簇生；叶片椭圆形或长圆形、稀披针状椭圆形，先端钝，基部楔形，全缘或中部以上有不明显的疏锯齿，无毛。花小，数朵簇生于短枝上，4 基数。核果球形，具 2～3 分核；种子背面有长为种子 4/5 或近等长的宽纵沟。花期 4～5 月，果期 6～8 月。

地理分布：新疆西部地区。

主要习性：喜光，耐寒，适应性强。常生于山谷灌丛或山坡林下或河滩地。

繁殖方法：播种繁殖。

应用范围：可植为庭园观赏。

186 枣树　　　　Ziziphus jujuba Mill.　　　鼠李科、枣属

形态特征：落叶乔木或小乔木，高达 10m。小枝呈"之"字形曲折，褐红色或紫红色；托叶刺红色，1长1短，长者直伸，短者钩曲；无芽小枝 3 ~ 7 簇生于短枝上，冬天脱落。单叶互生，叶片椭圆状卵形、卵状披针形或卵形，长 3 ~ 8cm，叶缘有细钝齿，基部 3 主脉。花小，两性，黄绿色，5 基数，2 ~ 3 朵簇生叶腋。核果椭圆形、长卵形或长椭圆形，熟时红色；果核两端尖。花期 6 月，果期 8 ~ 9 月。

地理分布：自东北南部至华南，西南，西北至新疆均有分布。

主要习性：喜光，喜较干冷气候及微碱性或中性沙壤土，耐干旱瘠薄土壤，耐涝，耐轻盐碱，根系发达，萌蘖力强。

繁殖方法：嫁接或根蘖繁殖，也可播种繁殖。

应用范围：枝叶繁茂，红果累累，在园林绿化中可植为园景树观赏。

五十一、葡萄科

187 爬山虎（地锦）　　Parthenocissus tricuspidata (Sieb. et Zucc.) Planch.　　葡萄科、爬山虎属

形态特征：落叶大形攀援藤本，长 15m。卷须短而多分枝，具吸盘。单叶互生，叶片宽卵形，通常 3 裂，基部心形，叶缘具粗齿，下面脉上常有柔毛，下部枝的叶有全裂为 3 小叶。聚伞花序与叶对生；花 5 数，浆果球形。熟时蓝黑色，有白粉。花期 6 月，果期 9 ~ 10 月。

主要习性：喜荫、耐寒，对土壤及气候适应性强。生长快，对氯气抗性强。

地理分布：北起吉林，南达广东均有分布。

繁殖方法：扦插、压条、播种繁殖。

应用范围：本种是优良垂直绿化植物亦是良好的地被植物。入秋叶色变红，格外美观。其攀援能力很强，在短期内能形成浓荫，收到良好的绿化、美化效果。

188 五叶地锦（美国地锦、美国爬山虎）　*Parthenocissus quinquefolia* Planch.　葡萄科、爬山虎属

形态特征：与爬山虎不同点在于本种为掌状复叶，小叶 5，卵状长椭圆形至倒长卵形，长
　　　　　4 ~ 10cm。

地理分布：原产美国东部，我国各地有栽培。

主要习性：喜温暖气候，有一定耐寒能力，耐荫。生长旺盛。

繁殖方法：应用范围与爬山虎相同。但攀援能力不如爬山虎。

189 葡萄　*Vitis vinifera* L.　葡萄科、葡萄属

形态特征：落叶木质藤本。幼枝有毛或无毛。有卷须与叶对生。单叶互生，叶片圆卵形或近
　　　　　圆形，3 裂至中部附近，基部心形，叶缘具不规则粗锯齿或缺刻，圆锥花序大而长，
　　　　　与叶对生；花小，黄绿色，5 基数。浆果近球形，熟时紫红色或黄白色，被白粉。
　　　　　花期 5 ~ 6 月，果期 8 ~ 9 月。

地理分布：原产亚洲南部。我国自辽宁中部以南各地均有栽培。

主要习性：喜光，深根系，耐干旱，适应温带或大陆
　　　　　性气候，以土层深厚、排水良好而湿度适
　　　　　中的微酸性至微碱性沙质或砾质壤土上生
　　　　　长最好。品种很多，对环境条件的要求和
　　　　　适应能力随品种而异。

繁殖方法：扦插、压条、嫁接或播种繁殖。扦插压条
　　　　　较易成活，嫁接一般是用山葡萄为砧木。
　　　　　可增强其抗病、抗寒能力。葡萄如作为果
　　　　　园栽培，管理要精细，以提高产过量。

应用范围：除专业果园栽培外，也常用于庭园绿化，为良
　　　　　好的园林棚架植物，既可观赏、遮荫，又可结
　　　　　合生产，增加经济效益。

五十二、椴树科

190 心叶椴（欧洲小叶椴）　*Tilia cordata* Mill.　椴树科、椴树属

形态特征：落叶乔木，高达 30m。嫩枝无毛或微被细毛。单叶互生，叶片近圆形，长宽 2 ~ 8cm。基部深心形，上面暗绿色，下面灰蓝绿色，脉腋有褐色簇生。聚伞花序有花 3 ~ 15 朵，花梗下合生的苞片长 3 ~ 7cm，宽 1 ~ 1.5cm。核果近球形，径 4 ~ 8cm，具不明显棱，密被绒毛。花期 6 ~ 8 月，果期 8 ~ 9 月。

地理分布：原产欧洲。我国新疆、大连、青岛、北京、南京、上海等地有栽培。

主要习性：喜光，耐寒，抗烟力强。

繁殖方法：播种、分根或压条繁殖。

应用范围：为优良园林绿化树种。宜作行道树及遮荫树。

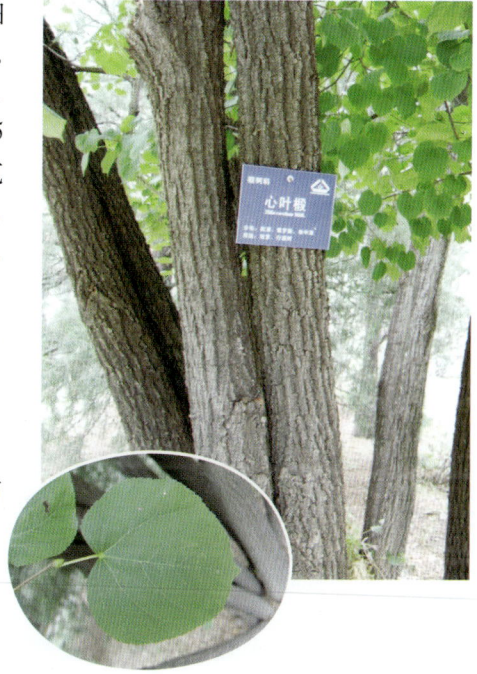

191 紫椴（籽椴、小叶椴）　*Tilia amurensis* Rupr.　椴树科、椴树属

形态特征：落叶乔木，高达 30m。单叶互生，叶片宽卵形或卵圆形，基部心形，叶缘具芒状锯齿，上面暗绿色，无毛，下面灰绿色，叶腋簇生褐色毛；叶柄无毛。聚伞花序有花 3 ~ 20 朵，花序梗下半部与舌状苞片合生。果卵圆形。花期 6 ~ 7 月，果期 9 月。

地理分布：东北地区，内蒙古、河北、山东、山西等地有分布。

主要习性：喜光，略耐荫，喜温凉湿润气候，对土壤要求比较严格，以土层深厚、排水良好的沙壤上最适宜，不耐水湿和沼泽地。抗烟尘和有毒气体，深根系，萌蘗性强。

繁殖方法：播种、分根或压条繁殖。因种皮坚硬，播种前要进行催芽处理。

应用范围：树姿优美，枝叶繁茂，满树白花，香气宜人，是东北地区优良的行道树、遮荫树及工厂绿化树种，也是用材和上好蜜源树种。

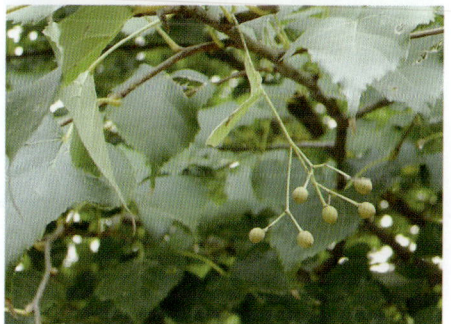

五十三、梧桐科

192 梧桐（青桐）   *Firmiana platanifolia*(L. f.) Mars. [*Firmiana simplex* (L.) W.F. Wight]   梧桐科、梧桐属

形态特征：落叶乔木，高 15 ～ 20m。树干通直，幼年树皮绿色，老时灰绿色和灰色。小枝粗壮，芽被锈色毛。单叶互生，宽卵形，掌状 3 ～ 5 裂，裂片全缘，基部心形。圆锥花萼 5 裂，裂片条形，黄绿色或白色；无花瓣。蓇葖果，熟前由腹缝线开裂；种子球形。花期 6 ～ 7 月，果期 9 ～ 10 月。

地理分布：产我国黄河流域以南至台湾、海南，北京有栽培。

主要习性：喜光，喜温暖气候，不耐寒，不耐涝，喜深厚、湿润、排水良好沙壤土。深根系，生长快，寿命长，萌芽力强，对二氧化硫、铬酸有较强的抗性。

繁殖方法：播种繁殖。

应用范围：本种树皮青翠，叶大形美，是优良行道树及遮荫树种。

五十四、胡颓子科

193 沙枣（桂香柳）   *Elaeagnus angustifolia* L.   胡颓子科、胡颓子属

形态特征：落叶乔木或小乔木，高达 15m。枝、叶、花、果被银白色腺鳞。枝具刺，单叶互生，叶片长圆状披针形至条状披针形，叶柄纤细。花两性，1 ～ 3 花腋生，黄色，芳香。果实为坚果，被膨大肉质化的萼管所包，呈核果状。果核椭圆形，橙黄色，果肉粉质。花期 5 ～ 6 月，果期 9 月。

地理分布：东北、华北、西北等地。

主要习性：喜光，抗风沙，耐干旱瘠薄土壤，耐盐碱力强，对硫酸盐抗性强，对氯化物抗性弱。适生于疏松的土壤，生活力强，耐修剪，萌芽力强，深根系，富含根瘤菌。

繁殖方法：播种繁殖。播前种子要进行催芽处理。

应用范围：园林绿化中可植为行道树、庭园观赏树。由于其耐修剪，也可作绿篱树种。沙枣也是北方沙荒盐碱地及水土保持造林的优良树种。

194 沙棘　　　　　*Hippophae rhamnoides* L.　　胡颓子科、沙棘属

形态特征：落叶灌木或小乔木。棘刺较多，粗壮，芽大。全体密被银白色鳞斑。单叶常近对生，狭披针形或长圆状披针形，全缘；叶柄极短。花单性，异株，花萼2裂，雄蕊4，雌花花萼囊状。坚果为肉质的萼管所包，呈浆果状，圆球形，橙黄色或桔红色，果核易分离。花期4～5月，果期9～10月。

地理分布：华北、西北及西南。

主要习性：喜光，对气候和土壤的适应性很强。抗寒，抗风沙，耐大气干旱和高温，耐水湿和盐碱，耐瘠薄土壤，但不耐过于粘重的土壤，生长快，耐修剪，萌蘖性强。

繁殖方法：播种或扦插繁殖。播种前种子要进行催芽处理。采用床播，其播种量为200g/10m^{2}左右。当年生苗高20～30cm。扦插育苗成活率高。

应用范围：在园林绿化中，可植为防护性观赏的刺篱。果味酸甜，可食用或酿造酒或饮料，还可入药，也是理想的化妆品原料。花为蜜源。沙棘是三北防护林工程建设中优良水土保持、防风林和薪炭林树种。

五十五、堇菜科

195 三色堇〔人面花、猫儿脸、蝴蝶花、鬼脸花〕　　*Viola tricolor* L.　　堇菜科、堇菜属

形态特征：多年生草本，作1～2年生栽培。植株匍匐状丛生，开展，多分枝，枝条三棱状，直立性弱；高15～30cm；全株无毛。单叶互生，基生叶及幼叶卵圆形，有圆钝锯齿；具叶柄，茎生叶宽披针形，有锯齿，互生，羽状裂 托叶较大，羽状分裂，宿存。单花生于花梗顶端；花梗细长，自叶腋间生出，常下垂；花大，两侧对称；萼片5，基部延伸；花瓣5，下面一枚最大，基部有距，状如蝴蝶，故称蝴蝶花，每朵花都有黄色、白色、紫色等三种颜色，故又称"三色堇"。蒴果，瓣裂。花期5～10月。

地理分布：原产西欧。我国各地有栽培。

主要习性：喜光，耐半荫。喜凉爽气候，较耐寒；生长适温7～15℃，生育温度5～20℃。高于20℃生长不良；环境要求通风良好，不耐酷热和积水。要求肥沃湿润的沙质土。

繁殖方法：播种繁殖。

应用范围：园林绿地中主要栽培堇菜属的种为2种，大花三色堇（*Viola* × *wittrockiana* 杂交种）和角堇（*Viola cornuta*）。三色堇主要用于冷凉季花坛，盆栽观赏及岩石园布置。也可配植于园路两旁和草坪边缘。

五十六、柽柳科

196 柽柳 — *Tamarix chinensis* Lour. — 柽柳科、柽柳属

形态特征：落叶灌木或小乔木，高2～8m。树皮红褐色，枝细长，下垂。单叶互生，叶片细小，鳞片状，半贴生于枝条，下面有龙骨状突起。总状花序生于当年生枝上，组成顶生圆锥花序；花小，5数；花瓣粉红色。蒴果。花期5～9月，自春至秋均可开花，果期6～10月。

地理分布：辽宁、山东、山西、河北、河南、安徽等地。

主要习性：喜光，耐旱，抗涝，耐盐碱，抗风沙；深根系，萌芽力强。

繁殖方法：播种、扦插繁殖。

应用范围：本种枝纤细下垂，花色淡红清雅，为优良的庭园观赏花灌木。也是盐碱地绿化树种和防风固沙的造林树种。

五十七、秋海棠科

197 四季秋海棠（四季海棠、洋秋海棠、玻璃翠、瓜子海棠）— *Begonia semperflorens* Link et Otto — 秋海棠科、秋海棠属

形态特征：多年生观花、观叶草本，作1～2年生栽培。茎直立。半透明肉质，高15～30cm左右。单叶互生，卵圆形或歪心形，叶缘有不规则缺刻，并着生细绒毛；叶色分为绿、红、铜红、褐绿等色，变化丰富，具有蜡质光泽。花顶生或腋出，雌雄异花，雌花有倒三角形子房；聚伞花序，多花性，单瓣或重瓣；花色有白、粉红、洋红、复色；花期全年，以春、夏、秋季较盛。蒴果，种子细小。

地理分布：原产南美洲，我国各地有栽培。

主要习性：半荫性，尤其在小苗期，生长后期可以全光照。性喜温暖，忌高温多湿，生育适温15～25℃，生育温度10～30℃；30℃以上呈半休眠状态，5℃以下要防寒，耐寒性弱。适生于疏松、肥沃土壤、排水良好；怕积水；阴暗潮湿易腐烂。

繁殖方法：播种、扦插、分株繁殖均可。

应用范围：多用于花坛、盆栽、组合盆栽、庭院绿化。园艺品种多。

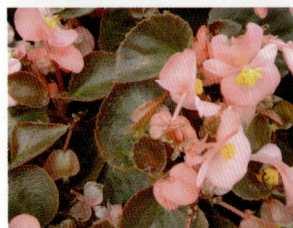

五十八、千屈菜科

198 紫薇（痒痒树、百日红） *Lagerstroemia indica* L.　千屈菜科、紫薇属

形态特征：落叶灌木或小乔木，高 3～6m。树冠不整齐，树皮淡褐色，树皮薄片状剥落后光滑。小枝四棱，单叶对生或上部互生，叶片椭圆形或卵形，先端尖或钝，基部圆形或宽楔形，全缘，下面沿中脉被毛。顶生圆锥花序，萼 6 裂；花瓣 6，鲜红色或粉红色，皱缩状，基部具长爪。蒴果近球形，6 瓣裂。花期 7～9 月，果期 9～12 月。

地理分布：产亚洲南部及澳州北部。中国华东、华中、华南及西南均有分布，各地普遍栽培。

主要习性：喜光，喜温暖气候，喜生于肥沃湿润的土壤上，也能耐旱，对土壤要求不严，钙质土或酸性土生长都能良好。萌蘖性强，生长较慢。

繁殖方法：播种繁殖。

应用范围：本种花色艳丽，花期长，为优良的花灌木。各地园林普遍栽植供观赏。最适宜种在庭院及建筑前，也宜在池畔、路边及草坪上丛植，或制作盆景配以山石，或作桩景均甚相宜。

199 千屈菜（败毒草、水柳、对叶莲） *Lythrum salicaria* L.　千屈菜科、千屈菜属

形态特征：多年生水生花卉，高 30～100cm。根状茎粗壮木质化。茎直立，四棱形，多分枝。叶对生或轮生，宽披针形或窄披针形，长 1.5～4cm，宽 0.5～1.2cm，全缘或微呈波状，基部微心形，稍抱茎，无柄。穗状花序顶生，小花多数密集，紫红色；花萼长管状，4～6 裂，裂片间有长条形附属体；花冠 4～6 裂。蒴果卵形，全包于宿萼内。花期 7～8 月。

地理分布：分布于全国各地。

主要习性：喜强光、潮湿及通风环境，浅水中生长最好，耐寒，南北均能露地过冬。对土壤要求不严。

繁殖方法：播种、分株或扦插繁殖均可。

应用范围：宜水边丛植或池畔栽植，也可用于花境或盆栽观赏。

五十九、石榴科

200 石榴 　　　　　　　　　　　*Punica granatum* L. 　　　石榴科、石榴属

形态特征：落叶灌木或小乔木，高 2～7m。小枝四棱形，常有刺。单叶对生或簇生，叶片椭圆状倒披针形，全缘，两面无毛；具短柄。花 1～3 朵集生于枝顶；花萼钟状，红色，质厚，先端 5～8 裂；花瓣 5～7，有时重瓣，通常深红色。浆果球形，萼宿存；种子多数，种皮厚，外种皮肉质，内种皮木质。花期 5～7 月，果期 9～10 月。

地理分布：原产巴尔干半岛至伊朗及邻近地区。我国引入栽培。北方在温室栽培。

主要习性：喜光，喜温暖，稍耐寒，耐旱，喜生于排水良好而较湿润的沙壤土或壤土上。

繁殖方法：压条、分株、扦插、播种繁殖均可。

应用范围：为园林绿化优良树种，又是盆栽和制作盆景、桩景的好材料。果味酸甜，富含维生素 C、钙、磷等，可生食。

六十、山茱萸科

201 红瑞木 　　　　　*Cornus alba* L. (Swida alba Opiz)　山茱萸科、梾木属

形态特征：落叶灌木，高 2m。树皮红色。小枝血红色，无毛，常被白粉。单叶对生，叶片椭圆形或卵圆形，长 3～8.5cm，先端骤尖，基部楔形或宽楔形，下面粉绿色，侧脉 4～5 对，弧形，全缘。伞房状聚伞花序顶生；花白色至淡黄白色；萼齿、花瓣、雄蕊各 4；花瓣卵状椭圆形。核果长圆形，微扁，乳白或蓝白色。花期 5～7 月，果期 8～10 月。

地理分布：东北地区，内蒙古、河北、陕西、山东等地。

主要习性：喜光，稍耐荫，耐寒，耐湿，也耐干旱瘠薄土壤。

繁殖方法：播种繁殖。种子催芽后，采用床面条播，其播种量为 0.5kg/10m^2。当年生苗高 20～40cm。1～2 年生苗可出圃栽植。

应用范围：本种枝干鲜红，果乳白且密集，显得十分美观，宜植于庭园、公园、草坪、林缘及河边供观赏。

202 灯台树

Bothrocaryum controversum (Hemsl.)
Pojark. (*Cornus controversum* Hemsl.)　山茱萸科、灯台树属

形态特征：落叶乔木，高达 20m。单叶互生，全缘，叶片宽卵形，稀长卵形，先端突尖，基部圆形或偏斜，叶上面无毛，下面灰绿，被伏贴毛，侧脉 6 ~ 7（9）对，弧弯。伞房状聚伞花序顶生；花 4 数，白色。核果球形由紫红变蓝黑色。花期 5 ~ 6 月，果期 8 ~ 9 月。

地理分布：东北南部，南至广东、广西及西南地区。

主要习性：喜光，喜生于湿润环境，生长快。

繁殖方法：播种繁殖。播前 50 ~ 60 天种子要进行催芽处理。采用床面条播，其播种量为 0.4kg/10m² 左右。覆土厚 2 ~ 3cm。当年苗高达 30 ~ 70cm。

应用范围：本种侧枝轮状着生，层次明显，整齐美观，花白色而美丽，果由紫红变蓝黑色。可作行道树和遮荫树。

203 偃伏梾木

Cornus stolonifera Michx.　山茱萸科、梾木属

形态特征：落叶灌木，高 2m。树皮红色。小枝血红色，被糙伏毛，分枝角小。单叶对生，叶片披针形至长圆状卵形，先端骤尖，全缘。伞房状聚伞花序顶生；花白色。核果球形。花期 5 ~ 9 月，果期 8 ~ 10 月。

地理分布：原产北美，我国引种栽培。东北城市有栽培。

主要习性：喜光，稍耐荫，耐寒，耐湿，也耐干旱瘠薄土壤。

繁殖方法：播种繁殖。种子催芽后，采用床面条播，其播种量为 0.5kg/10m²。当年生苗高 20 ~ 40cm。1 ~ 2 年生苗可出圃栽植。

应用范围：本种枝干鲜红，果乳白且密集，显得十分美观，宜植于庭园、公园、草坪、林缘及河边供观赏。

204 毛梾 （车梁木、油树）　　Cornus walteri Wanger.[Swida walteri (Wanger.) Sojak.]　山茱萸科、梾木属

形态特征： 落叶乔木，高可达 30m。树皮黑褐色，小方块状开裂。幼枝黄绿至红褐色，被灰白色平伏毛，后脱落变无毛。单叶对生，全缘，叶片椭圆形或长椭圆形，先端渐尖，基部楔形，两面被平伏柔毛，下面较密，侧脉 4～5 对，弧曲。聚伞花序伞房状，顶生；花白色，有香气，花萼、花瓣、雄蕊均为 4；萼被白色柔毛，花瓣舌状披针形，疏被柔毛。核果球形，花期 5 月，果期 9～10 月。

地理分布： 山东、山西、河北、河南、江西、陕西、甘肃、江苏、浙江、安徽、江西、湖北、湖南、福建、广西、四川、云南、贵州。

主要习性： 较喜光，对气温适应幅度较大，喜深厚、肥沃土壤，但较耐干旱瘠薄。

繁殖方法： 播种繁殖。也可用扦插、嫁接、萌芽等方法繁殖。

应用范围： 为优良园林绿化树种，宜作园景树。

六十一、杜鹃花科

205 兴安杜鹃　　Rhododendron dauricum L.　杜鹃花科、杜鹃花属

形态特征： 半常绿灌木，高 1～2m。小枝细而弯曲，幼枝有腺鳞和柔毛。单叶互生，近革质，叶片长圆形或卵状长圆形，全缘，上面深绿色，下面淡绿色，两面有腺鳞。花 1～4 朵生于枝顶，花先叶开放；花冠宽漏斗形，紫红色；雄蕊 10，花药紫红色；花柱长于花冠。蒴果圆柱形，花期 4～5 月，果期 7 月。

地理分布： 东北地区，内蒙古。

主要习性： 喜光，耐半荫，极耐寒，适应性强，喜酸性土壤。但能耐干旱，耐瘠薄土壤。

繁殖方法： 播种、分株、扦插繁殖均可。种子细小，可在苗床上直播，播种量为 25g/10 m² 左右。保持床面湿润。当年生苗高 5～10cm。因播种育苗生长慢，故目前东北地区多就近挖野生大苗栽植。

应用范围： 本种花繁叶茂，花色艳丽夺目，清香怡人，是优良的观赏花灌木，可进行群落式栽植，也可做花篱。

206 照白杜鹃

Rhododendron micranthum
Turcz.　　　杜鹃花科、杜鹃花属

形态特征：常绿灌木，高 1 ~ 2m。多分枝，小枝被柔毛和腺鳞。单叶互生，叶片革质，长圆
　　　　　形或倒披针形，全缘，边缘略反卷，下面密被褐色腺鳞。总状花序顶生，多花密集，
　　　　　花冠白色，径约 1cm。蒴果长 5 ~ 8mm。花期 5 ~ 6 月，果期 8 ~ 9 月。

地理分布：东北、华北、西北、华中等地。

主要习性：喜光，耐寒，喜生于酸性土壤。

繁殖方法：播种、扦插繁殖。

应用范围：本种花小，但密集，花色洁白素雅，宜丛植或片植于庭园供观赏。但植株有毒，须注意。

207 迎红杜鹃

Rhododendron
mucronulatum Turcz.　　杜鹃花科、杜鹃花属

形态特征：落叶灌木，高达 2m。多分枝，枝叶被腺鳞。单叶互生，叶片长椭圆状披针形或椭
　　　　　圆形，先端尖，基部楔形，全缘。花 2 ~ 5 朵簇生于枝顶，花先叶开放；花冠宽漏
　　　　　斗形，淡紫红色；雄蕊 10。蒴果长 1cm，被腺鳞。花期 4 ~ 5 月，果期 6 月。

地理分布：辽宁、内蒙古、山东、山西、河北、陕西、甘肃、四川、湖北等地。

主要习性：喜光，稍耐荫，喜湿润凉爽气候，喜酸性土壤。

繁殖方法：播种、扦插或分株繁殖均可，与兴安杜鹃略同。

应用范围：本种花期早，花密而色艳，宜孤植或片植于庭园或作花坛点缀的花灌木。

东北常见变种：毛叶迎红杜鹃 *Rhododendron mucronulatum* var. *ciliatum* Nakai. 和迎红杜鹃不同
　　　　　点在于叶片上面疏生糙毛。

208 大字杜鹃
Rhododendron schlippenbabachii Maxim.　杜鹃花科、杜鹃花属

形态特征： 落叶灌木，高 1～2m。多分枝，小枝密生腺毛。叶常 5 枚集生于枝顶，叶片纸质，倒卵形，先端钝或微凹，基部楔形，全缘，下面中脉密被厚白毛。伞形花序顶生，有花 3～6 朵，花宽钟形，粉红色，内有紫红色斑点，稀近白色；雄蕊 5 长 5 短；花梗有腺毛。蒴果，被褐色腺毛。花期 5～6 月，果期 7 月。

地理分布： 辽宁南部。

主要习性： 喜光，耐寒，耐旱，喜酸性土壤，多生于干燥多石的山坡及山峰林内。

繁殖方法： 播种、分株繁殖。

应用范围： 本种花大而色美艳，是优良花灌木树种，宜丛植或孤植于庭园供观赏。

六十二、柿树科

209 柿树
Diospyros kaki L. f.　柿树科、柿属

形态特征： 落叶乔木，高达 20m。树皮暗灰色，长方状浅裂。小枝较粗，被褐色绒毛。单叶互生，全缘；叶片椭圆状卵形至宽椭圆形，薄革质，上面有光泽，下面与叶柄均被毛。花单性异株；雄花组成聚伞花序；雌花常生于叶腋，萼 4 深裂，花后增大；花冠桔黄色。浆果扁球形，宿萼木质，肥厚。花期 5～6 月，果期 9～10 月。

地理分布： 北至河北，西北至陕西，甘肃南部，南至东南沿海，广东、广西及台湾，西南至四川、云南、贵州。

主要习性： 喜光，喜温暖湿润气候，年平均温度在 9℃，极端最低温度在 −20℃以上，年降水量在 500mm 以上地区均能生长，以深厚、肥沃、排水良好的壤土为宜。深根系，抗氟化氢力强。

繁殖方法： 播种或嫁接繁殖。

应用范围： 本种秋叶变红，果色红艳，宜作园景树观赏。

210 君迁子〔黑枣〕　　　*Diospyros lotus* L.　　　柿树科、柿属

形态特征：落叶乔木，高达 14m。树皮灰黑色，长方块状深裂。幼枝被毛。单叶互生，全缘，叶片长椭圆形，下面灰色或苍白色。花单性异株；雄花组成聚伞花序，雄蕊 4 ~ 16；雌花常单生于叶腋，萼 4 深裂，花后增大；花冠淡黄或带红色。浆果近球形，熟时黄褐色，后变蓝黑色，有白粉。花期 4 ~ 5 月，果期 9 ~ 10 月。

地理分布：与柿树同。

主要习性：喜光，较耐寒，适应性强，耐干旱瘠薄土壤较柿树强。

繁殖方法：播种或嫁接繁殖。

应用范围：本种秋叶变红，果色由黄褐变蓝黑色，宜植于园林绿地作园景树。

六十三、木犀科

211 白蜡树　　　*Fraxinus chinensis* Roxb.　　　木犀科、白蜡树属

形态特征：落叶乔木，高达 15cm。树皮灰褐色，平滑至浅纵裂。小枝无毛。奇数羽状复叶对生，小叶 5 ~ 7，卵状披针形或卵形，下面沿脉被短柔毛，边缘有钝齿。圆锥花序生于当年生枝顶；花萼钟形，无花瓣，雄蕊 2。翅果倒披针形。花期 4 ~ 5 月，果期 9 ~ 10 月。

地理分布：我国东北中南部经黄河、长江流域，南达广东、广西，东南至福建，西至甘肃。

主要习性：喜光，喜温暖湿润气候，亦颇耐寒；喜深厚、肥沃、排水良好土壤。对二氧化硫、氯气、氟化氢等有害气体有抗性。抗烟尘，生长快，寿命长，萌芽力强，耐修剪。

繁殖方法：播种或插条繁殖。

应用范围：可栽作遮荫树和行道树。也是湖岸、工矿区绿化树种。

212 水曲柳　　　　　*Fraxinus mandshurica* Rupr.　木犀科、白蜡树属

形态特征: 落叶乔木,高达30m。树皮灰褐色,浅纵裂。幼枝四棱形、无毛,冬芽黑色或近黑色。奇数羽状复叶对生,叶轴具窄翅;小叶7～13,卵状披针形或椭圆形,叶缘具锐齿,叶下面沿脉有黄褐色绒毛。圆锥花序,单翅果。花期5～6月,果期9～10月。

地理分布: 东北、华北。

主要习性: 喜光,较耐寒,对土壤要求较严,以深厚、肥沃、排水良好的湿润土壤为宜,生长较快。

繁殖方法: 播种或插条繁殖。播种繁殖前,种子要进行催芽处理。

应用范围: 可作行道树和遮荫树,也是风景林树种。

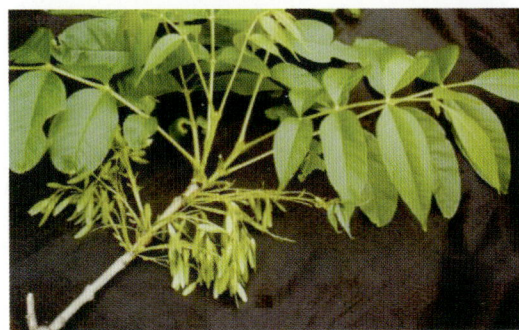

213 美国红梣 (毛白蜡、洋白蜡、宾州白蜡)　　*Fraxinus pennsylvanica* Marsh.　木犀科、白蜡树属

形态特征: 落叶乔木,高达20m。树皮灰褐色,纵裂。小枝,叶轴密被短柔毛,奇数羽状复叶对生,小叶5～9,常7,卵圆形至长圆状披针形,叶缘具钝齿或近全缘,下面被短柔毛。圆锥花序生于去年生小枝侧面,被绒毛;先叶开花,有花萼,无花瓣。翅果倒披针形,果翅明显较种子长,果翅下延至种子中部。

地理分布: 原产美国东部。我国东北、华北、西北,南至长江流域有栽培。

主要习性: 喜光,耐寒,耐低温,耐修剪,抗烟尘,生长快。

繁殖方法: 播种繁殖。

应用范围: 本种枝叶繁茂,叶色深绿而有光泽,秋叶变金黄,为优良绿化树种。北京多栽作行道树及防护林树种。

214 新疆小叶白蜡　　*Fraxinus sogdiana* Bunge　　木犀科、白蜡树属

形态特征：落叶乔木，高约 10m。顶芽暗棕色，被短柔毛。奇数羽状复叶，在果枝上 3 叶轮生，在营养枝上 2 叶对生，小叶 7 ~ 13，常 7 ~ 11，小叶卵状披针形至窄披针形，叶缘有锯齿，两面无毛；小叶柄长 4 ~ 10mm。圆锥花序生于去年生枝侧面；花两性，无花萼和花冠。翅果披针形，果翅下延至果基部。花期 5 ~ 6 月，果期 8 ~ 9 月。

地理分布：新疆。

主要习性：喜光，耐寒，喜生于肥沃、湿润、排水良好的土壤上。

繁殖方法：播种繁殖。

应用范围：为良好绿化树种。可栽作行道树。

215 连翘（黄绶带）　　*Forsythia suspensa* (Thunb.) Vahl　木犀科、连翘属

形态特征：落叶灌木，高 3 ~ 4m。小枝细长开展，拱形下垂，髓中空，皮孔明显。单叶对生，叶片卵形或椭圆状卵形，叶缘有粗锯齿，无毛，有少数叶 3 裂或裂成 3 小叶状。花单生或 2 至数朵簇生叶腋；先叶开花；花萼 4 深裂，裂片长 6 ~ 7cm；花冠亮黄色，深 4 裂；雄蕊 2；子房 2 室。蒴果卵圆形，2 裂；种子多数，具窄翅；果梗长 7 ~ 15mm。花期 3 ~ 4 月，果期 6 ~ 7 月。

地理分布：山东、山西、河北、河南、陕西、安徽、湖北、四川等地。

主要习性：喜光，较耐寒，耐干旱，耐瘠薄土壤。适应性强。

繁殖方法：播种、扦插、分株繁殖。一般多用扦插繁殖。

应用范围：为北方早春观花灌木之一。

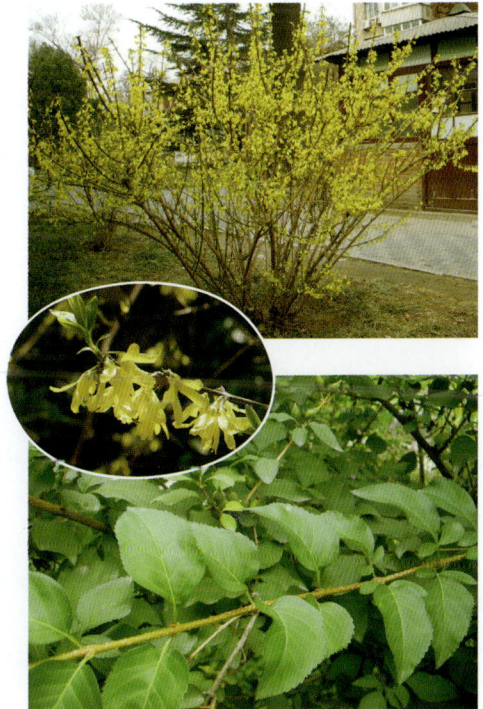

| 216 暴马丁香 | *Syringa reticulata* (Bl.) Hara var. *mandshurica* (Maxim.) Hara (*S.amurensis* Rupr.) | 木犀科、丁香属 |

形态特征：落叶灌木或小乔木，高达 10m。树皮灰褐色，较光滑。枝上皮孔显著。单叶对生，全缘，叶片卵形、宽卵形或卵状披针形，基部近圆形或近心形。圆锥花序大而疏散；花白色；萼钟形，4 裂；花冠筒甚短，裂片 4；雄蕊 2，花丝细长，伸出花冠外，长为花冠裂片的 2 倍；花药黄色。蒴果长圆形，先端钝或尖。花期 6 ~ 7 月，果期 8 ~ 9 月。

地理分布：东北、华北、西北。

主要习性：喜光，也能耐荫，耐寒，耐旱，耐瘠薄土壤。对二氧化硫有较强的抗性。

繁殖方法：播种繁殖。播种前种子要进行催芽处理。通常采用垄播或床播。采用床播，其播种量为 250g/10m^2。当年生苗高达 30 ~ 40cm。

应用范围：本种花期较一般丁香晚。盛花期花满枝头，色白淡雅，香味浓郁，常植于庭园观赏。

| 217 裂叶丁香 | *Syringa laciniata* Mill. [*S. persica* var. *laciniata*(Mill.) West.] | 木犀科、丁香属 |

形态特征：落叶灌木，高 2 ~ 2.5m。小枝细长，无毛。单叶对生，与花叶丁香近似，故有些学者将其作为花叶丁香的变种。但本种叶大部或全部羽状深裂，长 3 ~ 6cm。花淡紫色，圆锥花序侧生，长 5 ~ 8cm。蒴果长圆形，长 1.5cm。

地理分布：甘肃、青海。

主要习性：喜光，耐旱，不耐水湿，对土壤要求不严，适应性较强。

繁殖方法：播种繁殖。

应用范围：本种花密，盛开时芳香艳丽，是良好的庭园观赏花木。

218 紫丁香　　　　　　　*Syringa oblata* Lindl.　　　　木犀科、丁香属

形态特征：落叶灌木或小乔木，高达 5m。小枝粗壮，无毛。
单叶对生，全缘，叶片宽卵形至肾形，通常宽大
于长，宽 5 ~ 10cm，先端渐尖，基部近心形，
两面无毛。圆锥花序自侧芽发出；萼钟形，4 裂，
宿存；花冠紫色、蓝紫色，筒部细长，长 1 ~ 1.2cm，
4 裂，裂片开展；雄蕊 2，花药黄色，位于花冠
筒中部和中上部。蒴果长 1 ~ 2cm，先端渐尖，
果皮平滑。花期 4 ~ 5 月，果期 8 ~ 9 月。

地理分布：东北、内蒙古、河北、山东、陕西、甘肃、四川等地。

主要习性：喜光，稍耐荫，耐寒，耐旱，忌低湿，对土壤要求
不严。

繁殖方法：播种、扦插、分株、根蘗繁殖。如播种繁殖，播
种前种子要进行催芽处理。如扦插繁殖，需要
采集当年生枝，采用露地遮荫覆膜插床适时扦
插，要注意遮荫、浇水，保持床内相对湿度在
80% ~ 90%。

应用范围：本种叶茂花美，芳香宜人，为城市园林绿化中理想的花
灌木，深受群众喜爱。

219 白丁香　　　　　*Syringa oblata* var. *alba* Hort. ex Rehd.　　　　木犀科、丁香属

形态特征：花白色，叶较小，下面微被柔毛，素雅而清香。

地理分布：同紫丁香。

主要习性：同紫丁香。

繁殖方法：为得到纯正的白丁香，通常采用扦插、分株、根蘖方法繁殖。

应用范围：植于庭园观赏，显得特别珍贵。

220　北京丁香　　　　　　　　　　*Syringa pekinensis* Rupr.　　　　木犀科、丁香属

形态特征：本种在形态上与暴马丁香十分相似。主要区别在于本种叶基部宽楔形，叶面平坦，雄蕊与花冠裂片近等长，果先端锐尖或长渐尖，而暴马丁香叶基部近圆或近心形，叶面不甚平坦，雄蕊长为花冠裂片2倍，果先端钝。花期5～6月，果期8～9月。

地理分布：山西、河南、河北、陕西、甘肃等地。

主要习性：喜光，略耐荫，耐寒，喜深厚、肥沃、排水良好的土壤。

繁殖方法：播种繁殖。

应用范围：与暴马丁香相同。

221　欧洲丁香（洋丁香）　　　　*Syringa vulgaris* L.　　　　木犀科、丁香属

形态特征：落叶灌木，高达5m。小枝无毛。单叶对生，全缘，叶片卵形或宽卵形，长大于宽，先端长渐尖，基部多为宽楔形至截形，叶质较厚，秋天仍为绿色。圆锥花序侧生；萼钟状，4裂，宿存；花冠高脚碟形，4裂，裂片宽蓝紫色；雄蕊2，花药黄色着生于花冠筒后部稍下处。蒴果2裂，先端尖，平滑；种子具翅。花期5月，果期8～9月。

地理分布：原产欧洲。我国东北、北京、青岛、西安、乌鲁木齐、南京、上海有栽培，尤以哈尔滨最多。

主要习性：喜光，耐寒，不耐热，喜湿润而排水良好的土壤。

繁殖方法：播种、扦插、分株、根蘖繁殖均可。特别重瓣欧洲丁香（花瓣8枚重叠、反卷）易扦插繁殖。

应用范围：本种盛花期，花满枝头，香味浓郁，是丁香中佼佼者，为珍贵庭园观赏树种，还可作切花。

222 流苏树 (茶叶树)

Chionanthus retusus Lindl. ex Paxt.　　木犀科、流苏树属

形态特征：落叶乔木，高达 20m。树皮灰色，纸状剥裂。单叶对生，卵形至倒卵状椭圆形，先端钝圆或微凹，全缘或偶有小齿，下面中脉基部有毛。圆锥花序，花瓣 4 深裂，裂片条形，白色。核果椭圆形，成熟蓝黑色。花期 4 ~ 5 月，果期 9 ~ 10 月。

地理分布：河南、山东、河北、陕西及甘肃，南至云南、福建、广东、台湾。

主要习性：喜光，略耐寒，喜深厚、湿润土壤。

繁殖方法：播种、扦插、嫁接繁殖。

应用范围：盛花时，白花满枝，洁雅美观，为优良观赏树种，宜植于园林绿地观赏。

223 水蜡树 (辽东水蜡树)

Ligustrum obtusifolium Sieb. et Zucc. subsp. *suave* (Kitag.) Kitag.　　木犀科、女贞属

形态特征：落叶灌木，嫩枝被短柔毛。单叶对生，全缘，叶片椭圆形或长椭圆形，长 1.5 ~ 6cm，宽 0.5 ~ 2.2cm，先端钝圆，基部楔形，无毛或下面被短柔毛。顶生圆锥花序，花梗、花序梗被柔毛；花白色，花冠筒长 3.5 ~ 6mm，花冠裂片 4，雄蕊 2。浆果状核果，成熟时黑色。花期 6 月，果期 9 ~ 10 月。

地理分布：华东及华中地区。东北有栽培。

主要习性：喜光，喜湿润，较耐寒，对土壤要求不严，适应性强。耐修剪。

繁殖方法：播种繁殖，也可扦插。播种前种子要进行催芽处理，易成苗，苗木无需特殊管理。

应用范围：本种叶浓绿，有光泽，枝条密生，是良好的绿篱树种。

224 迎春

Jasminum nudiflorum Lindl.　木犀科、素馨花属

形态特征：落叶灌木，高 2 ～ 3m。小枝细长，拱形，绿色，具 4 棱。叶对生，复叶，小叶 3 枚（幼枝基部有单叶），小叶卵形至卵状椭圆形，长 1 ～ 3cm，先端急尖，基部宽楔形，叶缘有短睫毛，叶面有疣状刺毛。花单生叶腋，先叶开放，花冠黄色，径 2 ～ 2.5cm，裂片常为 6，长为花冠筒二分之一，花萼裂片 5 ～ 6 枚，线形，绿色；花期 2 ～ 4 月，常不结果。

地理分布：产于我国河南、陕西、甘肃以南。辽宁南部有栽培。

主要习性：喜光，稍耐荫，颇耐寒。

繁殖方法：播种或扦插繁殖。

应用范围：为早春观花的优良花灌木，宜栽作绿篱。

六十四、夹竹桃科

225 长春花 （日日春、雁来红、日日新、四时春、五瓣莲）

Catharanthus roseus (L.) G. Don　夹竹桃科、长春花属

形态特征：直立性常绿亚灌木状宿根草本，作一或多年生栽培。茎较光滑，有白色或红色晕，与花色相关；高 40 ～ 60cm。叶对生，倒卵形或椭圆形，长 5cm，全缘，光滑无毛，有光泽，叶脉浅色。花单生或成对腋生，花冠高脚碟形，五裂，雌雄蕊着生于花冠筒基部，花径 2.5 ～ 4cm，花色有粉红、白、黄、白花红心等颜色，喉部色深。蓇葖果，圆柱形，采种子在果裂之前进行。花期 6 ～ 10 月，热带可全年开花。园艺品种极多，有高性及矮性类型。

地理分布：原产亚洲热带。我国各地有栽培。

主要习性：喜阳光充足，耐轻荫。喜温暖，半耐寒至不耐寒；生育适温 18 ～ 20℃，生育温度 15 ～ 35℃。喜高燥，耐旱，忌积水。生性强健，种子可以自播，不择土壤，抗空气污染，尤其抗灰尘。

繁殖方法：播种繁殖。

应用范围：本种花多且花期长，花色多而艳丽，适于花坛、盆栽、悬挂栽培。

六十五、萝摩科

226 杠柳（羊奶子）　　　*Periploca sepium* Bunge　　　萝摩科、杠柳属

形态特征：落叶木质藤本，茎无毛。单叶对生，叶片披针形，全缘，聚伞花序；花冠筒短5裂，副花冠裂片异形5～10裂，花冠紫红色，花冠裂片中间加厚，反折，内侧被疏柔毛。蓇葖果双生，长角状；种子顶端具白色绢毛。

地理分布：东北、华北、西北、华东、西南等地。

主要习性：喜光，耐寒，耐旱，耐高温，耐水湿，适应性强。

繁殖方法：播种繁殖。一般采用床面条播，其播种量为100g/10m² 左右。10～20天即可出苗，易成苗，但播后要注意浇水，保持床面湿润。当年生苗高15～25cm。2年生苗即可出圃栽植。

应用范围：果实奇特，宜作庭园垂直绿化树种和的被植物。根皮供药用，为中药"北五加皮"，有祛风湿之效，也可作杀虫药。

六十六、花葱科

227 福禄考（小天蓝绣球、五色梅、草夹竹桃）　　　*Phlox drummondii* Hook.　　　花葱科、福禄考属

形态特征：1～2年生草花；茎直立，高20～60cm，呈丛生状。叶基部对生，上部互生，叶柄不明显，卵圆形至宽披针形，基部有时抱茎。聚伞花序顶生；小花高脚碟花冠，萼筒较长，花萼5裂；花冠5浅裂，裂片圆形，花有红色、玫瑰红色、粉色，还有白色、蓝色、紫色等颜色；雄蕊5，花丝极短。蒴果卵形，黄色，3瓣裂，种子倒卵形或椭圆形，背面隆起，腹面平坦。花期6～9月。

地理分布：原产北美。我国各地有栽培。

主要习性：喜光；喜春秋温暖、夏季凉爽气候，怕酷热，有一定的耐寒力，生长适温15～18℃，生育温度5～25℃；喜排水良好疏松土壤，忌盐碱和水涝，不耐干旱。

繁殖方法：播种繁殖。

应用范围：本种花色鲜艳多彩，且花期长，宜作各种花坛的主栽花卉，或作花坛、花境、盆栽的配植材料，亦作盆花观赏。

228 丛生福禄考　　　　*Phlox stolonifera*　　　花葱科、福禄考属

形态特征：多年生宿根草本，株高约20cm，茎匍地生，有根状茎，匍地而生长，被腺毛。叶互生，条状披针形，较小。花顶生，多花性，高脚碟形花冠，花紫红色。花期春夏。

地理分布：原产北美东部。我国各地有栽培。

主要习性：喜光，要求阳光充足。耐寒，可以露地越冬。夏季炎热，枯叶早，生长不良。土壤要求排水良好，肥沃，以石灰性土壤为宜。也可以适应一般土壤。忌积水。生长期需供水充分，秋季应修剪整理，每3～4年要翻种一次。

繁殖方法：分株繁殖，秋季进行。

应用范围：作花境、盆栽，布置岩石园。

229 锥花福禄考（天蓝绣球）　　　　*Phlox paniculata L.*　　　花葱科、福禄考属

形态特征：宿根草本，株高60～120cm，茎基部分枝多，直立性强，丛生性。叶对生，或轮生，无柄，矩圆至椭圆形，先端尖。圆锥花序，较大，花径15cm左右，小花高脚碟形；花色有堇紫、酒红、粉红和白；花期夏季。

地理分布：原产北美。我国各地有栽培。

主要习性：喜光，要求阳光充足。耐寒，可以露地越冬。夏季炎热，枯叶早，生长不良。土壤要求排水良好、肥沃，可以适应一般土壤，但忌积水。生长期需供水充分。叶片较密集，要注意叶面不可积水。要保持通风良好的环境。秋季应修剪整理，每3～4年要翻种一次。不论黏重或肥沃疏松土均能生长。

繁殖方法：分株繁殖，秋季进行。春季也可在温室内嫩枝扦插，或秋季进行。取成熟的枝条，插于阳畦，在冬季作保护，次春可以生根。压条或扦插繁殖均可。

应用范围：花境、花坛或布置岩石园，也可盆栽或作切花。

六十七、旋花科

230 茑萝   *Quamoclit pennata* (Lam.)Bojer. 旋花科、茑萝属

形态特征： 一年生藤本，全株光滑。茎纤细、柔软缠绕状。叶互生，羽状全裂，裂片线形。花腋生，一至数朵，花冠漏斗状，呈高脚碟状，5裂；花色有粉红、深红和白；花期8月至霜降。蒴果，种子黑色。

地理分布： 原产亚热带和热带美洲。我国各地有栽培。

主要习性： 栽培于向阳环境。性喜温暖，不耐霜冻，生育温度20～35℃。土壤肥沃，生长快。种植后，应注意用支撑物诱引。抗性较强。也可盆栽。

繁殖方法： 播种繁殖。

应用范围： 窗台、庭院、棚架栽培。园艺品种'特选混合'为蔓性，叶细羽状，多花性，星状小花，红色系为主，混合少量白色。耐热性强，亚热带地区可周年栽培。

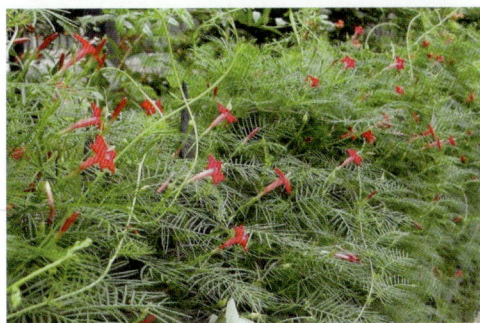

六十八、马鞭草科

231 紫珠（日本紫珠、山紫珠）   *Callicarpa japonica* Thunb. 马鞭草科、紫珠属

形态特征： 落叶灌木，高1～2m。小枝无毛。单叶对生，叶片卵状椭圆形至倒卵形，叶缘有细锯齿，两面无毛，亦无腺点。聚伞花序腋生，2～3分歧；花萼4裂，萼齿钝三角；花冠4裂，白色或粉红色；花丝与花冠近等长。核果球形，紫色。花期6～7月，果期8～10月。

地理分布： 东北南部，华北，华东，华中等地。

主要习性： 喜光，喜温暖，喜湿润肥沃土壤。

繁殖方法： 播种繁殖。

应用范围： 秋季紫色果实似奇特珍珠一般，有很高的观赏性，可丛植或与其它种类配置成景。

| 232 | 美女樱 | （铺地马鞭草、美人樱、四季绣球、铺地锦、苏叶梅） | *Verbena hybrida* Voss. | 马鞭草科、马鞭草属 |

形态特征：多年生宿根草花，作 1 ～ 2 年生栽培。茎四棱形，茎枝有匍匐性或直立性；高 10 ～ 30cm，全株被毛。单叶对生，长卵形、披针形或三角形，边缘具缺刻状锯齿。穗状花序顶生；萼管状，5 齿裂；花冠筒状，二唇形，5 裂；雄蕊 4，两两成对；花径 1 ～ 2.5cm；花色有紫色、蓝色、红色、桃、橙、黄、白、双色等颜色。果干燥，包藏于萼内，分裂为 4 枚小坚果。花期 6 ～ 10 月，园艺品种极多。

地理分布：原产巴西、乌拉圭等地。我国各地栽培。

主要习性：喜光，不耐荫。喜温暖、湿润气候，忌高温过湿；生育适温 5 ～ 25℃；耐暑热，在炎热夏天也能正常开花；半耐寒。在疏松、肥沃、排水良好的土壤中生长较好。

繁殖方法：播种繁殖。也可扦插、压条、分株等方法繁殖。

应用范围：本种株矮叶茂，花多且花期长，花色多而艳丽，为配置花坛、花径和花境的好材料，也可盆栽观赏或作切花。

六十九、唇形科

| 233 | 彩叶草 | （洋紫苏、棉紫苏、彩苏、老来变） | *Coleus blumei* Benth. | 唇形科、彩叶草属 |

形态特征：多年生草本观叶植物，作 1 ～ 2 年生栽培。茎四棱，高 25 ～ 60cm 左右。单叶对生，卵圆形，有锯齿，栽培品种有皱叶、叶缘皱褶、波状叶缘等类型；叶色丰富，多为杂色品系，也有单色品系；有黄、橙、红、紫、粉色，叶面深绿色，具红色、黄色、暗红色、紫色等斑纹。轮伞花序 6 至多花，排成总状花序，花小，白色带浅蓝，自枝顶抽出；花萼钟形，具 5 齿；花瓣二唇形，雄蕊 4。坚果，种子细小。

地理分布：原产亚洲南部。我国各地栽培。

主要习性：喜光或轻阴，不耐荫。喜温暖至高温、湿润气候，生育适温 15 ～ 30℃，10℃以下要防寒，耐寒性弱。适生于疏松、肥沃土壤，怕积水。可用摘心控制株型。

繁殖方法：播种或扦插繁殖均可。

应用范围：多用于花坛、盆栽、组合盆栽、庭院绿化，大面积栽培景色宜人，艳丽别致，又可作插花材料。彩叶草类还有茎呈蔓性的如矮性彩叶草 *Coleus pumilus*（或 *Coleus rehneltianus*）。园艺品种繁多。

234 朱唇（红花鼠尾草、红花撒尔维亚、红花绯衣草、小红花） *Salvia cocoinia* 唇形科、鼠尾草属

形态特征：多年生宿根草本，多作一年生栽培。枝近方形，茎基部被硬毛，紫色，全株被毛，株高 60～90cm 左右。叶对生，心形，微皱，有锯齿，被毛，叶色较深。总状花序，自枝顶抽出；花色绯红，花萼筒不艳，与花冠不同色，仅带紫色，花冠唇形，深猩红色，花期夏秋。

地理分布：原产北美南部、墨西哥。我国各地栽培。

主要习性：喜阳光充足，短日照花卉。喜温暖至高温，不耐寒，生育适温 15～30℃，高温期忌长期雨淋。要求土壤肥沃，栽培时勤施肥，有利于开花茂盛，盆栽生长需经常补充肥水。

繁殖方法：播种或扦插繁殖。

应用范围：用于花境、花坛大面积栽培，也可盆栽。

235 一串红（西洋红、墙下红、串红、爆竹红） *Salvia splendens* Ker-Gawl. 唇形科、鼠尾草属

形态特征：多年生宿根草花，作一年生栽培。茎方形，光滑，茎节处红紫色，高 20～80cm。叶对生，卵形至宽卵形，叶缘有锯齿。轮伞花序集成假总状花序顶生；花萼钟形；花冠二唇形，呈长筒状伸出萼外，花冠与花萼均为红色，花谢后花萼鲜红色，仍有观赏价值。栽培品种有白色、粉色、紫色、复色，又叫一串白、一串紫。小坚果。花期 6～10 月。

地理分布：原产南美。我国各地栽培。

主要习性：喜光，阳光充足开花繁多，半日全光处也能开花良好，高茎品种有短日照习性。喜温暖至高温，生育温度 15～30℃，不耐霜寒，在 10℃ 以下叶子就变黄，矮茎品种 5℃ 越冬。一般于 12～14℃ 越冬。适在肥沃、湿润、排水良好的土壤上生长，但也能耐瘠薄土壤。

繁殖方法：播种繁殖。

应用范围：叶色深绿，花色鲜艳，花期长，可栽于花坛、花境或组合花丛，也可植成花带，还可盆栽。栽培园艺品种较多，依高度常分为矮生品种和中高生品种。

236 百里香 *Thymus mongolicum* Ronn. 唇形科、百里香属

形态特征：矮小灌木，高约10cm。分枝多，匍匐或直立。单叶对生，密集，长椭圆形或长圆状披针形，长约1cm。搓之有香味。聚伞花序密集成头状；花冠唇形，粉红色，有香味，上唇椭圆形，下唇3裂。小坚果黑色。花期6～9月，果期9～10月。

地理分布：内蒙古、河北、山西、陕西、甘肃、新疆等。

主要习性：喜光，耐寒，耐干旱，耐瘠薄土壤，忌水涝。

繁殖方法：播种、压条、扦插繁殖均可。

应用范围：枝叶繁茂，花粉红，为优良的地被植物和岩石园植物。

七十、茄科

237 宁夏枸杞 *Lycium barbarum* L. 茄科、枸杞属

形态特征：落叶灌木，高达2m。枝具刺。单叶互生，全缘；叶片窄长椭圆形或披针形，花单生于叶腋，花萼长2中裂，花冠筒稍长于花冠裂片，花冠裂片无缘毛，雄蕊花丝基部稍上处疏被簇毛，但不形成毛圈。浆果。熟时红色或橙色。花果期5～10月。

地理分布：北方地区栽培，以宁夏较多。

主要习性：喜光，喜水肥，较耐寒，耐旱和耐盐碱，萌蘖性强。

繁殖方法：播种繁殖。一般采用垄播或床面条播。播种前种子要进行催芽处理，采用垄播，其播种量为0.5g/m左右。当年生苗高达70～90cm。1年生苗可出圃栽植。育苗不宜在黏重土壤上进行。

应用范围：大多具刺针，不易人畜危害，入秋红果累累，挂满枝头，宜在园林绿化中植为绿篱，或植为观赏或选其虬干老枝作盆景。果实入药。

238 花烟草　　　　　　　*Nicotiana alata* Link et Otto　　　茄科、烟草属

形态特征：多年生草本，常作 2 年生栽培。茎直立，较粗壮，高 60～80cm，全株被毛。基生叶卵状披针形，呈莲座状排列；茎生叶，对生，无柄，较小。总状花序，有芳香，小花花冠筒长，呈细颈漏斗型花冠，花冠筒长度 3 倍于花萼；主要花色有白、大红、石灰黄，春夏开花。花期长。

地理分布：原产南美洲。我国各地栽培。

主要习性：喜光，为长日照花卉。半耐寒至不耐寒，生育温度 15～25℃。不择土壤，适生于轻质、肥沃、湿润壤土。要求充分供水，促进生长。

繁殖方法：播种繁殖。

应用范围：用于布置花坛、花境及盆栽。

239 矮牵牛（碧冬茄、番薯花）　　*Petunia hybrida* Vilm.　　　茄科、矮牵牛属

形态特征：1～2 年生花卉。茎直立，基部木质化，全株具腺毛，高 30～60cm。单叶互生，上部叶对生，卵圆形，几无柄，全缘。花单生叶腋，花冠漏斗状，先端具 5 钝裂，单瓣或重瓣，花色丰富，有白色、粉色、红色、紫色等颜色，并有复色及间色镶边品种；雄蕊 5。蒴果 2 瓣裂，种子细小。花期 6～10 月。

地理分布：原产南美洲。我国各地栽培。

主要习性：喜光，需光照充足，短日照有利于分枝、提高株型质量，长日照有利于开花。喜温暖，不耐寒，生育温度 10～30℃。适生于排水良好、疏松的酸性沙质壤土上。

繁殖方法：播种繁殖为主，春秋均可播种。

应用范围：花朵美丽，是布置花坛的优良草花，被誉为花坛植物之王。可盆栽及各种容器栽培，蔓性品种用作悬挂栽培。

园艺品种：

多花类：开花多，一般花朵较小，观赏期较长，其中有包括单瓣、重瓣、改良多花类型。可作花坛、群植、盆栽用。

大花类：花径大有皱瓣、单瓣、重瓣，颜色丰富作盆栽、花坛应用。

蔓生类：枝条长而蔓性品种呈多花性，枝条顶端及叶腋内均有花，花色有紫、红、白等，宜作悬挂吊盆。

240 蛾蝶花（蝴蝶花、蛾蝶草、荠菜花） *Schizanthus pinnatus* 茄科、蛾蝶花属

形态特征：1～2 年生花卉。高 20～50cm。茎叶密生细毛，叶羽状复叶，小叶有不规则浅裂或深裂。圆锥花序顶生，花瓣 8～12 枚，大小不一，对称排列，花色富于变化，具有不同的色彩镶嵌，花型似飞舞的蝴蝶，花有白、蓝、青、紫、橙、黄、粉红、棕红各色。花径 4～8cm，花期 6～8 月，花期长 2 个月左右。

地理分布：原产智利。我国各地栽培。

主要习性：喜光照或半荫环境；喜冷凉气候，忌高温多湿，不耐寒，生育温度 10～25℃；适生于排水良好、疏松的肥沃沙质壤土上。

繁殖方法：播种繁殖。

应用范围：用于布置花坛及盆栽。栽培中还常用高生、矮生、密花等各类杂交蛾蝶花。

241 蔓陀罗（洋金花、醉心花、万桃花） *Datura stramonium* L. 茄科、蔓陀罗属

形态特征：1 年生草花。茎粗壮，直立，高 30～150cm。单叶互生，宽卵形或宽椭圆形，边缘有不整齐的波状大齿，具长叶柄。花单生叶腋或枝的分叉处，花大；萼长管状，5 齿裂；花冠漏斗状，白色或紫莲色，长 7～15cm，口部直径 2.5～7.5cm；雄蕊 5；蒴果卵形或卵状球形，密被粗壮而较硬的刺。花期 7～9 月。

地理分布：原产温带及热带，我国西南及东南部有分布。

主要习性：喜光；喜温暖气候，不耐寒；对土壤要求不严，适应性极强，以排水良好、中性或微碱性、肥沃的沙质壤土或石灰质壤土生长较好。

繁殖方法：春季播种繁殖，管理粗放，易栽培，能自播繁衍。

应用范围：花朵大而美丽，可作花坛、花境的配植材料，也可作背景材料。园林中应用的蔓陀罗类还有紫花蔓陀罗（*Datura florepleno*），原产热带亚洲；黄花蔓陀罗（*Datura candida*），原产热带美洲，为宿根草本，花期长；全日照半日照均可，适于庭院、盆栽。大花蔓陀罗（*Datura suaveolens*），原产巴西。红花蔓陀罗（*Datura sanguinea*），原产秘鲁，半落叶灌木。

七十一、玄参科

242 金鱼草（龙头花、洋彩雀、狮子花） *Antirrhinum majus* L.   玄参科、金鱼草属

形态特征：多年生草花，但常作 1 ~ 2 年生栽培，茎直立，节不明显，颜色深浅与花色相关，高
20 ~ 90cm。单叶，披针形或长椭圆形，全缘，长 5 ~ 7cm，叶对生，上部叶片互生
或近对生，叶片无毛。总状花序生于枝顶；小花密生；萼 5 深裂；花冠唇形，上唇
直立，2 裂，下唇广展，3 裂，花色以白色为底色，上面间杂有深浅不同的黄色、橙色、
红色、紫色、粉色等颜色；雄蕊 4。有重瓣
种。蒴果，卵形，孔裂。花期 7 ~ 9 月。

地理分布：原产地中海沿岸地区。我国各地栽培。

主要习性：喜光，喜春秋温暖、夏季凉爽气候，不耐酷
热，有一定的耐寒力，生长适温 12 ~ 16℃，
生育温度 10 ~ 25℃。适生于排水良好、疏
松、肥沃的土壤上，保持土壤干燥能使株
型良好。

繁殖方法：播种繁殖也可扦插。

应用范围：是最普遍的花卉之一，可用于花坛、花境、
切花及盆栽等。其园艺品种按株高、花色、
花型可分品种：高茎类、中茎类、矮茎类、蔓生类、
重瓣品种。

243 毛地黄   *Digitalis purpurea* L.   玄参科、毛地黄属

形态特征：2 年生草花。茎直立，除花冠外，全株被灰白色短柔
毛和腺毛，高 60 ~ 180cm。基生叶莲座状，叶卵状
披针形，表面多皱，叶被网状脉明显；茎生叶较小，
单叶互生。花顶生、朝向一侧的总状花序；花筒状
唇形花冠，花萼钟状，5 裂；花冠倾斜，下唇具斑点，
裂片近 2，上唇短，下唇 3 裂，两侧裂片短而狭，中
央的较长而外伸，花冠长 3 ~ 4cm；雄蕊 4，2 强。
花色紫、桃红或白。蒴果室间开裂，种子细小。花
期秋季。

地理分布：原产欧洲西部、亚洲。我国各地栽培。

主要习性：喜光，耐半荫；半耐寒，喜冷凉、高湿，忌高温干燥；
生育适温 5 ~ 20℃，0℃以下防寒。喜富含腐殖质的
肥沃土壤，但能耐瘠薄的土壤。主茎开花优良。不
能摘心。

繁殖方法：播种繁殖或分株。

应用范围：可用于花坛、花境、花丛、切花、盆栽。栽培品种有
白花、黄花、红花，还有大花、重瓣种。

244 柳穿鱼〔姬金鱼草、小金鱼草、摩洛哥柳穿鱼〕 *Linaria maroccana*　　玄参科、柳穿鱼属

形态特征：2年生草花。茎直立，丛生性，纤细，高20～30cm。单叶互生，窄线状披针形，全缘，浅绿色。总状花序生于枝顶；唇形花冠，上唇2裂，下唇3裂，花色较多，有青紫、雪青、玫红、洋红、黄色、红色、白色等颜色。蒴果，种子细小。

地理分布：原产摩洛哥。我国各地有栽培。

主要习性：喜光；喜温暖，耐寒，不耐酷热，喜春秋温暖、夏季凉爽气候，生育温度5～20℃。适生于排水良好的土壤。栽培简易。

繁殖方法：播种繁殖。种子每10毫升约40000粒；发芽适温15℃，约15～20天发芽，播种后约3～4个月开花；不需摘心。

应用范围：可用于花坛、及盆栽等。

245 毛泡桐（紫花泡桐）　　*Paulownia tomentosa* (Thunb.) Steud.　　玄参科、泡桐属

形态特征：落叶乔木，高15～20m。树皮灰褐色，浅纵裂。幼枝、幼果密被腺毛。单叶对生，叶片宽卵形或卵形，先端渐尖或锐尖，基部心形，全缘或3～5浅裂，叶下面被腺毛及分枝状毛。圆锥花序宽大；花萼裂至萼筒中部附近；花冠紫色。蒴果卵圆形，花期4～5月，果期8～9月。

地理分布：主产黄河流域，北方各地普遍栽培。

主要习性：喜光，较耐寒，为本属中最耐寒一种，耐盐碱，生长快。

繁殖方法：播种繁殖。

应用范围：为城乡绿化及用材良好的树种。叶大浓荫，花紫色，先叶开花，美丽壮观，宜作行道树及遮荫树。

246 楸叶泡桐　　　*Paulownia catalpifolia* Gong Tong　玄参科、泡桐属

形态特征： 落叶乔木，高达 20m。枝叶稠密，树冠圆锥形。单叶对生，叶片长卵形，先端长尖，基部圆形，全缘，叶下面被灰白色星状毛。狭圆锥花序；花萼钟形，5 浅裂；花冠淡紫色，2 唇形，筒部细长，筒内密布紫色小斑。蒴果椭圆形或纺锤形。花期 4 月，果期 9 ～ 10 月。

地理分布： 山东、河北、山西、河南。

主要习性： 喜光，较耐干旱气候及瘠薄土壤，也较耐寒。

繁殖方法： 播种繁殖。

应用范围： 本种枝叶繁茂，为四旁绿化的优良树种，可植于庭园观赏。

247 夏堇（蓝猪耳、蝴蝶草、花公草、花瓜草）　　*Torenia fournieri* Lindl. ex Fourn.　玄参科、夏堇属

形态特征： 1 年生草花。茎光滑，具 4 棱，多分枝，披散状，高约 20 ～ 30cm。叶对生，卵形，有细锯齿，秋天叶变红色。花顶生，唇形花冠，花冠筒状，花淡雪青色，上唇淡雪青色，下唇黄紫色，喉部有黄斑，也有白色品种，夏秋开花，花期极长。蒴果，距圆形，种子极小，可自播。春至初夏开花，花期长。

地理分布： 原产亚非热带。我国各地栽培。

主要习性： 喜光，稍耐荫；喜高温，不耐寒，生育温度 15 ～ 30℃；适生于排水良好、肥沃富含有机质的沙质土壤，生长期间需水较多，盆土易经常保持湿度。

繁殖方法： 播种繁殖。

应用范围： 可用于屋顶、阳台、花台、花坛、花境及盆栽等。

七十二、紫葳科

248 灰楸

Catalpa fargesii Bureau　　　　紫葳科、梓树属

形态特征：落叶乔木，高达 20m。树皮深灰色，片状裂，小枝被星状毛。3 叶轮生，叶片卵形，先端渐尖，基部平截或微心形，全缘或幼树叶 3 裂，叶下面被星状毛。萼 2 裂；花冠二唇形，淡红色和淡紫色，喉部具紫褐色斑点。蒴果长 40 ~ 60cm，花期 4 ~ 5 月，果期 9 ~ 10 月。

地理分布：山西、河南、河北、陕西、甘肃，华中、华南、西南等地。

主要习性：喜光，喜肥沃、深厚、湿润土壤。生长快。

繁殖方法：播种繁殖。

应用范围：本种叶大荫浓，花大而形奇特，果实悬垂如豇豆，常挂于树上过冬，颇为美观。为优良行道树、遮荫树和四旁绿化树种，也常作工矿区绿化。

249 梓树

Catalpa ovata G. Don　　　　紫葳科、梓树属

形态特征：落叶乔木，高达 15m。树冠宽卵形，树皮灰褐色，浅纵裂，嫩枝被短毛。3 叶轮生，先端急尖，基部心形，全缘或中部以上 3 ~ 5 裂，基部脉叶有紫斑。花大，顶生圆锥花序，花冠二唇形，乳黄色，有紫斑。蒴果细长下垂，状如豇豆。花期 4 ~ 6 月，果期 9 ~ 11 月。

地理分布：东北、华北向南至广东、广西北部，西至陕西，甘肃，西南至四川，四川、云南、贵州、新疆南部有栽培。

主要习性：喜光，喜温暖，喜深厚、湿润、排水良好的土壤，抗二氧化硫、氯气和烟尘等有害气体。

繁殖方法：播种繁殖。

应用范围：本种叶大荫浓，花大而形奇特，果实悬垂如豇豆，常挂于树上过冬，颇为美观。为优良行道树、遮荫树和四旁绿化树种，也常作工矿区绿化。

七十三、忍冬科

250 锦带花　　　　　　　　　*Weigela florida* (Bunge) A. DC.　忍冬科、锦带花属

形态特征：落叶灌木，高达 3m。小枝具 2 棱，棱上被毛。单叶对生，椭圆形或卵状椭圆形，先端锐尖，基部圆形或楔形，上面无毛或仅中脉被毛，下面脉上被毛。花 1 ～ 4 朵生聚伞花序；萼 5 裂至中部，裂片披针形；花冠粉红色，5 裂。蒴果柱形，种子无翅。花期 4 ～ 5 (6) 月，果期 9 ～ 10 月。

地理分布：东北、华北、华东等地区。

主要习性：喜光，耐寒，耐旱，喜生于湿润向阳的地方，适应性强，萌芽力强，对氯化氢抗性较强。

繁殖方法：通常用扦插、分株、压条繁殖，但也可用种子繁殖。

应用范围：花朵繁密而色鲜艳，为东北区、华北区园林中主要观花灌木之一。

变 型 有：白花锦带花 *Weigela florida* f. *alba* Rehd.

251 猬实　　　　　　　　　　*Kolkwitzia amabilis* Graebn.　　忍冬科、猬实属

形态特征：落叶灌木，高达 3m。单叶对生，卵形至卵状披针形，先端渐尖，基部圆形，全缘或疏生浅齿，两面疏生柔毛。顶生聚伞花序，每小花梗具 2 花，2 花的萼筒下部合生，外面被长刺毛，在子房以下缢缩，裂片 5；花冠钟形，稍两侧对称，5 裂，粉红色呈紫色；雄蕊 2 长 2 短，内藏。瘦果状核果，被刺毛。花期 5 ～ 6 月，果期 8 ～ 9 月。

地理分布：山西、河南、陕西、甘肃、安徽、湖北等地。

主要习性：喜光，耐寒，喜排水良好肥沃土壤。

繁殖方法：播种、扦插、分株繁殖。为了翌年开花更为繁茂，于当年花后适当修剪，不让其结实，且秋冬适当施肥。

应用范围：花色鲜艳，为国内外著名观花灌木。宜丛植于草坪，也可盆栽或作切花。

252 六道木　　　　　　　　*Abelia biflora* Turcz.　　　忍冬科、六道木属

形态特征：落叶灌木，高达 3m。幼枝被刺毛，老枝具 6 沟棱。单叶对生，长椭圆形至椭圆状披针形，长 2 ~ 7cm，先端尖至渐尖，基部楔形，全缘或具疏锯齿，两面被短柔毛；叶柄基部膨大，被刺毛。花两朵生于枝端，无总梗；花萼 4 裂；花冠高脚碟状或窄漏斗状，4 裂，白色、淡黄色或带浅红色，外面被柔毛和刺毛；雄蕊 2 长 2 短，内藏。瘦果状核果，常弯曲，先端宿存 4 枚增大的花萼。花期 4 ~ 5 月，果期 8 ~ 9 月。

地理分布：辽宁、内蒙古、河南、山西、河北、陕西、甘肃等。

主要习性：耐寒，耐荫，喜湿润土壤。

繁殖方法：播种繁殖。

应用范围：观花灌木，可配植在林下或栽于岩石园中，注意冬季适当防寒。

253 葱皮忍冬（秦岭忍冬）　　　*Lonicera ferdinandii* Franch.　　　忍冬科、忍冬属

形态特征：落叶灌木，高达 3m。小枝密生刚毛，具盘状托叶。单叶对生，叶片卵形至卵状披针形，全缘，具睫毛，叶下面密生粗伏毛。花成对生于叶腋，苞片叶状，卵形，小苞片合生成坛状，完全包被相邻两萼筒；花冠二唇形，白色后变黄色，外面密被柔毛。浆果卵形，熟时红色。花期 4 ~ 6 月，果期 9 ~ 10 月。

地理分布：河北、山西、陕西、甘肃、宁夏、青海、河南及四川北部。

主要习性：喜光，较耐寒，适应性强。

繁殖方法：播种繁殖。

应用范围：华北、东北各城市常见栽培作观赏。最北可达哈尔滨市，能正常开花结实。

254 忍冬（金银花）　　　*Lonicera japonica* Thunb.　　忍冬科、忍冬属

形态特征：半常绿缠绕藤本。小枝被柔毛。单叶对生，叶片卵形至长圆状卵形，长 3 ~ 8cm，幼时两面被柔毛，全缘。花成对腋生；苞片叶状，萼筒无毛，花冠二唇形，长 3 ~ 4cm，先白色，后变黄色。浆果球形，熟时黑色。花期 5 ~ 7 月，果期 8 ~ 10 月。

地理分布：南北各地均有栽培或野生。

主要习性：喜光，稍耐荫，耐寒，耐旱，且耐水湿，适应性较强，对土壤要求不严，萌蘖性强。

繁殖方法：播种、插条、压条、分株繁殖。

应用范围：本种藤蔓缭绕，花黄白相映，且清香宜人，是优良垂直绿化树种，也是优良蜜源植物。

255 金银忍冬（金银木）　　　*Lonicera maackii* (Rupr.) Maxim.　　忍冬科、忍冬属

形态特征：落叶灌木，高达 5m。小枝中空，幼时被柔毛。单叶对生，叶片卵形、披针形或卵状椭圆形，两面被柔毛，全缘，有睫毛。花成对腋生，花冠白色后变黄色。浆果球形，熟时红色。花期 5 ~ 6 月，果期 8 ~ 10 月。

地理分布：东北、华北、西北，南至长江流域及西南。

主要习性：喜光，耐寒，耐旱，但喜湿润肥沃深厚土壤。

繁殖方法：播种或扦插繁殖。播种前种子要进行催芽处理。

应用范围：本种枝繁叶茂，白花满树，红果累累，为优良观花、观果花灌木。

256 华北忍冬（藏花忍冬）　　*Lonicera tatarinovii* Maxim.　　忍冬科、忍冬属

形态特征：落叶灌木，高达 2m。小枝、叶柄、花总梗均无毛。单叶对生，长圆状披针形或长圆形，全缘，叶下面被白色绒毛。花成对腋生；花冠二唇形，长 7～8cm，暗紫色无毛。浆果近球形，熟时红色。花期 4～6 月，果期 9～10 月。

地理分布：辽宁、内蒙古、河北、山东东部。

主要习性：华北及东北南部。常生于山地杂木林或灌丛中。朝鲜也有分布。

繁殖方法：播种繁殖。

应用范围：园林绿化中的价值与金银忍冬相同。

257 陇塞忍冬（唐古特忍冬）　　*Lonicera tangutica* Maxim.　　忍冬科、忍冬属

形态特征：落叶矮小灌木。幼枝无毛，单叶对生，叶片倒卵形、椭圆形或卵状长圆形，长 1.5～3cm，两面被糙毛。花成对生于叶腋，下垂，苞片针形，小苞片缺；花冠基部一侧稍膨大，黄白色带红晕，子房下半部连合。浆果鲜红色，径 5～6mm。花期 5～6 月，果期 7～8 月。

地理分布：陕西、宁夏、甘肃南部，青海东部，湖北、四川、云南、青海等。

主要习性：耐荫，较耐寒。

繁殖方法：播种繁殖。

应用范围：可植为庭园观赏。

258 香荚蒾
Viburnum farreri W.T. Stearn　忍冬科、荚蒾属

形态特征：落叶灌木，高达 3m。幼枝有柔毛。单叶对生，椭圆形，长 4 ～ 7cm，叶缘具锯齿，羽状脉明显，5 ～ 7 对。圆锥花序，花冠高脚碟状，白色，芳香。核果长圆形，熟时红色。花期 4 ～ 5 月，果期 6 ～ 7 月。

地理分布：产我国甘肃、青海、新疆等地；华北园林中常有栽培。

主要习性：喜光，略耐荫，较耐寒，喜深厚、湿润、肥沃土壤，不耐瘠薄土壤和积水。

繁殖方法：多采用压条或扦插繁殖。

应用范围：花白而芳香，且花期早，为北方地区园林中良好的早春观赏花木。宜丛植于草坪边建筑物前。

259 接骨木
Sambucus williamsii Hance　忍冬科、忍冬属

形态特征：落叶灌木或小乔木，高达 6m。小枝无毛，髓心粗大，淡褐色。奇数羽状复叶对生，小叶 5 ～ 7 (11)，椭圆披针形或卵圆形，叶缘有不整齐锯齿，揉后有臭气；叶柄、叶轴无毛。圆锥状聚伞花序，花序轴无毛；花萼筒杯状；花冠辐状，5 裂，初为粉红色，后为白色或淡黄色。浆果状核果，近球形，成熟紫色或红色。花期 4 ～ 5 月，果期 9 ～ 10 月。

地理分布：东北、华北、华东、华中、华南及西南。

主要习性：喜光，耐寒，耐旱，适应性强，长势强健。萌蘖力强，抗有害气体力强。

繁殖方法：播种、扦插、分株繁殖。采用播种繁殖，播种前 50 ～ 70 天要进行种子催芽处理。

应用范围：枝叶茂密，春天白花满树，入秋红果累累，极为美观，为良好观赏灌木，宜植于公园、庭园草坪，亦可供工矿区绿化。

260 鸡树条荚蒾（天目琼花）　*Viburnum sargentii* Koehne　忍冬科、荚蒾属

形态特征：落叶灌木，高约3m。树皮略带木栓质；小枝具明显皮孔。单叶对生，广卵形至卵圆形，通常3裂，裂片边缘具不规则的齿，掌状3出脉；叶柄先端有2～4腺体。复伞形聚伞花序，周围有大型不孕花，白色，中间花可育；花冠乳白色或带粉红色；雄蕊5，花药紫色。核果近球可植为公园及庭园中观赏。花期5～6月，果期8～9月。

地理分布：东北、华北地区，江西、陕西、甘肃、浙江、湖北、四川。

主要习性：喜光，稍耐荫，耐寒，对土壤要求不严。

繁殖方法：用播种繁殖。

应用范围：春天观秀丽百花，入秋观累累红果，为园林中优良的花灌木，可植为公园及庭园中观赏。

261 陕西荚蒾（土兰条）　*Viburnum schensianum* Maxim.　忍冬科、荚蒾属

形态特征：落叶灌木，高达4m。小枝幼时被星状毛。冬芽裸露。单叶对生，卵状椭圆形，先端钝或稍尖，叶下面被星状毛。聚伞花序径5～8cm，被星状毛，第一级辐射枝上；通常5条，花多生于第三级和第四级辐射枝上；花冠白色，筒部短与裂片。核果椭圆形，熟时蓝黑色。花期5～7月，果期8～9月。

地理分布：河北、山东、山西、河南、陕西、甘肃、四川、湖北等。

主要习性：喜光，耐干旱，耐瘠薄土壤。

繁殖方法：播种繁殖。

应用范围：可作园林观赏树种。

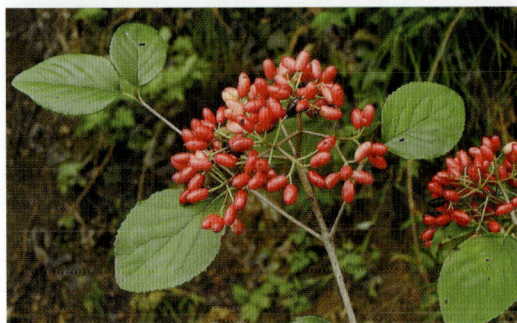

七十四、桔梗科

262 山梗菜（半边莲、六倍利、翠蝶花） *Lobelia erinus* 桔梗科、半边莲属

形态特征：2 年生宿根草本，作 1 年生栽培。茎纤细，匍匐缠绕状，基部丛生状；高约 12 ～ 20cm。叶互生，具齿；上部的叶片近线形；基部叶较大，呈广匙形。花顶生或腋生，多花，花瓣 5 枚，一边 3 瓣较大，一边 2 瓣较小，故叫半边莲；花色有蓝、淡蓝、紫蓝、红、桃红、酒红、白色等；春季至夏季开花。种子细小，园艺品种较多。

地理分布：原产南非。我国各地栽培。

主要习性：半荫性，长日照，在散射光下生长良好。喜温暖，半耐寒，忌高温多湿，生育适温 15 ～ 25℃。土壤适应性较广，以腐殖质丰富、湿润、排水良好土壤为宜。供水要充足，喷水加湿。

繁殖方法：播种繁殖。

应用范围：适于花坛、花境、盆栽、缘栽。

七十五、菊科

263 黑心菊（黑眼松果菊） *Rudbeckia hybrida* 菊科、金光菊属

形态特征：多年生宿根花卉，可作一、二年生栽培，株高约 60 ～ 100cm 全株被毛。茎细而直立，分枝多，枝细但粗糙。叶互生，长椭圆形或长卵形，叶浅裂状锯齿至深缺刻，基脉明显，叶粗糙、被毛。头状花序，花径 6 ～ 10 cm，舌状花金黄色，筒状 3 叶轮生，先端渐尖，基部下延，叶上面有凹槽。瘦果扁球形，熟时黑色，被白粉，内含种子 2 ～ 3 粒。花期 6 月，果期 8 月。

地理分布：原产北美洲。我国各地栽培。

主要习性：喜光，喜石灰质的肥沃土壤，能在干燥的沙地上生长良好，不宜低湿地生长。

繁殖方法：用扦插繁殖容易。

应用范围：我国各地园林绿地中常见栽培，为地被植物和护坡的好材料，也可制作盆景。

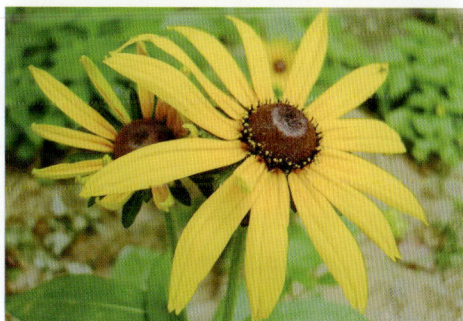

264 雪叶菊（雪叶莲、银叶菊、白妙菊） *Senecio cineraria (Cineraria maritimus)* 菊科、千里光属

形态特征：多年生草本，可作一、二年生栽培，株高 15 ~ 60cm，全株被白色绒毛；多分株。叶互生，长圆状卵形，1 ~ 2 羽状深裂，裂片长圆形。头状花序，黄或乳白色；花期夏、秋。为观叶植物。

地理分布：原产地中海沿岸。我国各地栽培。

主要习性：喜光，宜阳光充足。生育适温 15 ~ 25℃，喜温暖，不耐寒，常在秋、冬保存老根，用作母本；不耐夏热，夏季高温呈半休眠状态。特别需注意高温、多雨，及时排水十分重要。喜肥沃壤土或沙质土为为好，排水需良好。

繁殖方法：播种繁殖。

应用范围：作花坛、组合盆栽、花坛边饰。

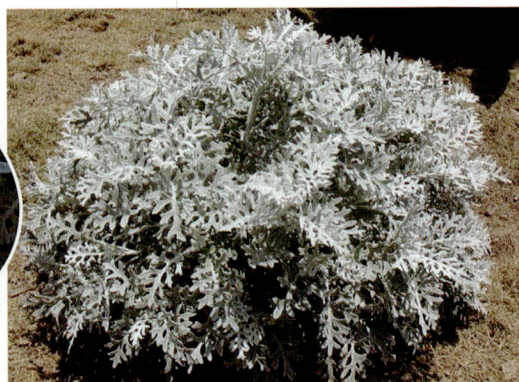

265 万寿菊（臭芙蓉、臭菊、蜂窝菊） *Tagetes erecta L.* 菊科、万寿菊属

形态特征：1 年生草花，茎直立、绿色、粗壮，植株粗壮，高 25 ~ 90cm，有高性及矮性品种。单叶对生，羽状全裂，锯齿均匀，叶色较浅，有腺点。头状花序顶生，总花梗较长，向上渐粗，近花序处肿大，花重瓣、单瓣，花型变化有蜂窝型、芍药型等；花有黄色至橙黄色；瘦果。花期夏秋，花期极长，易杂交退化。

地理分布：原产墨西哥。我国各地栽培。

主要习性：喜光，短日照花卉，每天 9 小时光照有利于开花。喜温暖或高温，喜湿润，忌高温多雨，生育适温 10 ~ 30℃，不耐寒，但耐早霜侵袭。喜肥沃、排水良好的土壤，生长粗放，对土壤要求不严，较耐旱。

繁殖方法：播种繁殖，也可扦插繁殖。

应用范围：矮性品种为北方地区花坛的主要花卉之一。能耐早霜，又可单一栽入秋季花境。可作花坛、花境、盆栽、切花。

266 百日草 (百日菊、步步高、对叶梅、火球花) *Zinnia elegans* Jacq. 菊科、百日菊属

形态特征：1年生草花，茎直立，粗壮，被短毛，高 15 ～ 120cm。单叶对生，抱茎，无柄，卵形至椭圆型，基部三出脉，全缘，叶面粗糙。头状花序单生于枝顶，花序柄中空，异性，放射状；缘花舌状倒卵形，雌性而且结实，花径 5 ～ 15cm，花型多，花色丰富。花色除蓝色和黑色外，其他色彩均有。盘花两性结实，瘦果。花期夏秋。

地理分布：原产墨西哥。我国各地栽培。

主要习性：要求阳光充足，日照不足，易徒长，开花不良。喜高温，气温15℃以下开花困难，生育适温 15 ～ 30℃，不耐寒，不宜过热，夏季生长不良，或开花不结实。忌夏季高温多雨，尤其矮生品种，适应一般园土，移植后可适当摘心。喜肥沃、排水良好的土壤。

繁殖方法：播种繁殖。

应用范围：矮生种可用作花坛、盆栽、观赏，中茎种及高茎种为重要切花材料。园艺品种极多。

267 小百日草 (小百日菊、细叶白日草、小朝阳) *Zinnia angustuifolia* 菊科、百日菊属

形态特征：1年生草本。枝叶极细，多分枝，有毛，直立式铺散；高约 20 ～ 60cm。叶对生，叶线装披针形，基部三出脉，全缘，灰绿色。花顶生，花序较小，约 2cm，浓橙黄色，单瓣，瓣中有鲜黄色纵纹，先端有缺刻，花后转暗褐色；成株花多，花期持久。夏秋开花较多。

地理分布：原产墨西哥。我国各地栽培。

主要习性：喜光，需日照良好，耐半荫。喜温暖至高温，炎热季节开花不良，生育适温 18 ～ 30℃。夏季防水湿，较耐干旱；要求疏松、肥沃、排水良好的土壤，忌连作。生性强健，栽培容易。

繁殖方法：播种繁殖。

应用范围：适于花坛、盆栽、花丛、花境、大面积栽培，也可做切花的配料。同类的百日草还有墨西哥百日草 (*Zinnia haageana*)、细叶百日草 (*Zinnia lineraris*)。

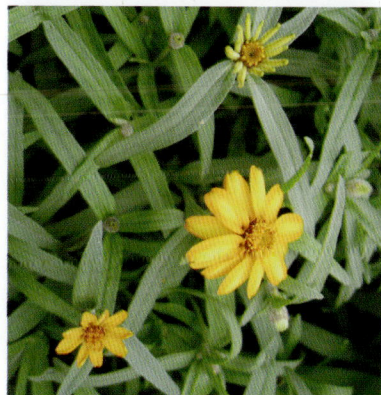

268 藿香蓟（胜红蓟、蓝翠球） *Ageratum conyzoides* L. 菊科、胜红蓟属

形态特征：1 年生草花，茎松散，直立性不强，节间易生根，基部木质化。高 30 ～ 60cm。全株被毛。单叶对生，卵形，有锯齿，叶面皱折。头状花序顶生，排成伞房式或圆锥花序式；总苞片 2 ～ 3 列，条形；全为管状花，花有粉红色、蓝色、白色、紫红色等颜色，5 裂。瘦果五角形，顶端冠以鳞片状冠毛 5 枚。花期 6 ～ 8 月。

地理分布：原产墨西哥。我国各地栽培。

主要习性：喜光，宜种植在阳光充足的场所，能耐轻荫。喜温热，半耐寒，生长适温 15 ～ 16℃，生育温度 15 ～ 25℃，上盆生根后维持 12 ～ 14℃，夏季炎热影响株型。土壤以肥沃的腐叶为佳，只要排水良好，无特殊要求，生长期需供水充足。花后修剪，可作多年生栽培。本种耐修剪，通过摘心可使株幅增大。适生于较肥沃的沙质壤土生长，但也能耐瘠薄土壤。

繁殖方法：播种繁殖，能自播繁衍；也可分株、扦插或压条繁殖。

应用范围：本种花繁多，色淡雅，是理想花坛材料。可栽植于林缘、花境、花群或点缀草坪；还可盆栽观赏。

269 荷兰菊（蓝菊、柳叶菊） *Aster novi-belgii* L. 菊科、紫苑属

形态特征：多年生宿根草花，高 50 ～ 150cm。全株无毛，多分枝。单叶互生，叶片长圆形或条状披针形，近全缘，基部略抱茎。头状花序异性，放射状，排成伞房状，花密集，花径 2 ～ 5cm ；总苞片数列，草质；缘花 1 列，雌性，舌状，舌瓣浅紫色或粉紫色；盘花两性，管状，紫色。瘦果；短棒状，具多数冠毛。花期夏季至深秋。

地理分布：原产北美。我国各地栽培。

主要习性：喜光，耐寒，适湿润、肥沃的沙质壤土。

繁殖方法：播种、分株或扦插繁殖均可。播种可于 3 月下旬在温室中温床上播种，在 15℃室温条件下约 1 周便可发芽，如在露地播可在 5 月份进行；分株繁殖则在春秋均可进行；扦插繁殖可在 5 ～ 6 月份进行。8 月中旬以前扦插的，国庆节时可开花。

应用范围：花繁多，色淡雅，宜布置花坛、花境或作草坪的镶边用，也可用作切花。

270 雏菊（延命菊、春菊、菠菜菊） *Bellis perennis* L. 菊科、雏菊属

形态特征：多年生草花，作 1 ～ 2 年生栽培，高 7 ～ 20cm。须根系，叶簇生于茎的基部，呈莲座状，叶匙形，叶柄明显，叶缘有圆锯齿。头状花序单生于花茎之顶部，总苞半球形；舌状花有平瓣和管瓣，放射状，花径 3 ～ 5cm，花有单瓣、重瓣之分；有白色、粉色、粉红色、深红色、洒金色、朱红色、紫色、双色等颜色；瘦果倒卵形。花期早春、晚秋。

地理分布：原产欧洲及西亚。我国各地栽培。

主要习性：喜阳光充足，全日照、半日照均可，日照不足易徒长，开花不良。喜凉爽气候，生长温度 5 ～ 25℃，耐寒，喜夏季冷凉，不耐酷热，生长温度宜在 15℃以下生长良好，温度过高花朵变小、重瓣性差。能适应一般土壤，但以排水良好、肥沃壤土最为适宜。

繁殖方法：播种、扦插、分株繁殖均可。

应用范围：园林中广泛用于装饰花坛、花带、花境的边缘，还可装点岩石园或盆栽观赏。园艺品种较多。

271 金盏菊（金盏花、黄金盏） *Calendula officinalis* L. 菊科、金盏花属

形态特征：1 ～ 2 年生草花，高 20 ～ 60cm，后期有地上茎全株被腺毛。基生叶丛生，单叶互生，较小，长圆形至长圆状倒卵形，下部叶基部抱茎，无柄，叶缘具锯齿略波状。头状花序顶生，径可达 10cm，舌状花仅平瓣，有重瓣性和单瓣花，花有黄色、浅黄或橙色。瘦果无毛，两端向内弯曲，无冠毛。花期春季，花期长。

地理分布：原产欧洲南部。我国各地栽培。

主要习性：喜光，可全日照或半日照，日照不足会徒长、开花不良。喜冷凉的夏季，生育温度 5 ～ 25℃，耐寒，忌高温多湿，不耐暑热，在气候温和条件下，开花大而多，天气炎热时开花少，花朵也小。不择土壤，耐瘠薄土壤，适宜碱性土，喜排水良好、肥沃、湿润的沙质土壤。可摘心控制高度，苗期 15cm 可摘心一次，可促进开花。园艺品种不需摘心。

繁殖方法：播种繁殖。

应用范围：可作早春花坛材料，也可盆栽供观赏或作切花。

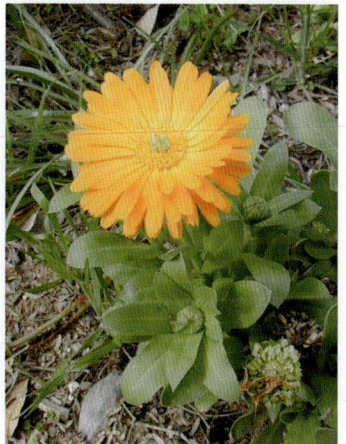

| 272 | 翠菊（江西腊、蓝菊、五月菊、云南菊仔、七月菊） | *Callistephus chinensis* Nees | 菊科、翠菊属 |

形态特征：1～2年生草花。茎直立，上部分枝多，茎叶有刚毛，高15～100cm，有高、中、矮生品种。单叶互生，卵形至长椭圆形，叶缘1/3以上有粗齿，基脉明显，叶柄有翼。头状花序单生于枝顶，花序大，花径约6～10cm；总苞半球形，总苞片多列，外列大，叶状；缘花1列，雌性，舌状，花有白、红、粉、浅堇色至蓝紫色等；花型变化极多。瘦果被柔毛。花期夏秋。

地理分布：原产我国，各地有栽培。

主要习性：喜光，宜阳光充足，苗期需长日照，花芽发育短日照，每日15小时最佳。稍耐寒，生育温度15～25℃，低于22℃茎难以伸长。喜肥沃、潮湿、排水良好的壤土或沙质壤土。花前扣水有利于开花，忌连作和水涝。浅根系，易倒伏。幼苗期摘心一次有利于控制株型。种子寿命短，一年只有50%发芽率，超过两年完全失效。

繁殖方法：播种繁殖。春秋两季均可播种。

应用范围：可用于花坛、花带、花境或切花，矮生品种可盆栽观赏。

| 273 | 红花（红蓝花） | *Carthamus tinctorius* L. | 菊科、红花属 |

形态特征：1年生草花，高30～100cm，自然分枝不多，开花结蕾时始见分枝。单叶互生，质硬，卵状披针形，基部叶抱茎，叶缘具尖刺。头状花序同性，顶生，全为管状花，先端5裂，花有红色、橙色、黄色、白色等颜色；总苞片为具刺的苞叶所包围。瘦果光滑，有4棱。花期6～8月。

地理分布：原产中欧地区，埃及。我国各地有栽培。

主要习性：喜光，耐寒，生育适温15～30℃。耐旱，耐盐碱，忌涝。对土壤要求不严，适生于土层深厚、排水良好的中性沙质或粘质壤土上。

繁殖方法：播种繁殖。

应用范围：可作花径、花境背景材料或作切花。

274 矢车菊   *Centaurea cyanus* L.   菊科、矢车菊属

形态特征：2 年生花卉，株高 60 ~ 80cm，整株粗糙呈灰绿色。茎纤细直立有分枝。叶线状披针形，羽状深裂，基部三裂，上部叶互生，有锯齿，被柔软棉毛。顶生头状花序，具有数苞片；筒状花 5 裂，可育，种子在基部孕生；舌状花辐射状喇叭形；花色粉红、白、玫红、蓝、深蓝；花期春天。瘦果。

地理分布：原产欧洲。我国各地有栽培。

主要习性：喜光，宜在阳光充足场地种植。较耐寒，不耐酷热及阴湿，生育适温 10 ~ 20℃。要求排水良好的疏松、肥沃土壤。不宜移植，如移植需带好根系。

繁殖方法：播种繁殖。

应用范围：宜作花坛、花境材料，也可作切花。

275 黄晶菊（春悄菊）   *Chrysanthemum multicaule*   菊科

形态特征：1 年生草花，高 10cm 左右。叶羽状浅裂或深裂，花顶生，花径约 2 ~ 3cm，花瓣黄色，中心浓黄色，花期早春至春末。

地理分布：原产阿尔及利亚，我国各地有栽培。

主要习性：喜光，喜温暖，忌高温多湿，生长适温 5 ~ 25℃，栽培土以肥沃含有机质壤土或砂壤土最佳。

繁殖方法：播种繁殖。种子发芽适温 15 ~ 20℃。

应用范围：适合花台、花坛、花境或盆栽、吊钵栽培。

| 276 金鸡菊 | *Coreopsis drummondii* Nutt. | 菊科、金鸡菊属 |

形态特征： 1 年生草花，高 30 ～ 60cm。多分枝，枝条细致。单叶对生，披针形，全缘。头状花序，花瓣密，鲜黄明艳，中央筒状花冠紫褐。瘦果。花期 6 ～ 9 月。

地理分布： 原产北美洲。我国各地有栽培。

主要习性： 喜光，日照充足处开花繁盛，性喜温暖，忌高温，生育适温约 15 ～ 25℃，耐寒，适生于各种土壤。

繁殖方法： 播种繁殖。也可扦插或分株繁殖。

应用范围： 为花坛、花境、坡地、庭院、街心花园良好的美花材料，适合盆栽，也是很好的切花材料。

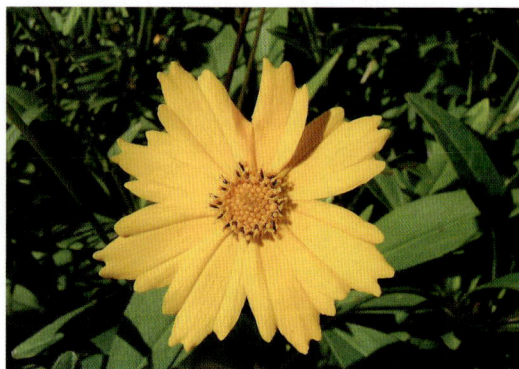

| 277 蛇目菊（春车菊） | *Coreopsis tinctoria* | 菊科、金鸡菊属 |

形态特征： 1 年生草花，植株光滑多分枝，高 30 ～ 90cm。全株无毛。单叶对生，基部叶 2 回羽状深裂，裂片较多，顶端裂片较大，上部叶具齿柄，裂片条形，全缘。头状花序多数聚成伞房花序盘心花暗红色；舌状花黄色而基部棕色，园艺品种近全金黄色，或近全褐色；花朵朝天向上，花瓣疏，黄色，中央筒状花冠紫褐，花两性，结实。瘦果。花期 6 ～ 10 月。

地理分布： 原产北美洲，我国各地有栽培。

主要习性： 喜光，较耐寒，不耐酷热，生育适温 10 ～ 25℃。耐干旱及瘠薄土壤，忌施肥过多。

繁殖方法： 播种繁殖。

应用范围： 宜作花坛、花境边缘材料，也适合盆栽。园艺栽培品种'娜娜'，矮性，高约 30cm，单瓣，红棕色，花瓣边缘金黄色，适合花坛，盆栽。

278 波斯菊（秋英、大波斯菊、扫帚梅） *Cosmos bipinnatus* Cav. 菊科、秋英属

形态特征：1年生草花，茎粗壮，枝开展，主干半木质化呈多
棱状和沟纹，粗糙；嫩枝光滑，高60～150cm。
叶对生，二回羽状全裂，裂片细，线形；裂片
全缘。花头状有序，顶生或腋生，花梗长，较细，
花径6cm左右；单瓣较多，花瓣先端有齿，花
色有粉红、深红、白；常有银莲花型、托挂型等，
花期9月至霜降，有早花品种，6月至深秋。瘦
果，有喙。花期春至秋。

地理分布：原产墨西哥。我国各地有栽培。

主要习性：喜光。不耐寒，不喜酷热，生育温度10～25℃。
生长习性健强。耐干旱，耐瘠薄土壤，在肥沃
疏松的土壤中生长良好。肥水过多会徒长，开
花减少。一般品种在秋初开花至霜降，如植株
太高，可在夏季修剪。

繁殖方法：播种或扦插繁殖。能自播繁衍。

应用范围：花鲜艳，可作花境及背景材料，作组合盆栽、杂
植树坛、也可做切花。

279 硫华菊（黄波斯菊、硫磺菊、黄芙蓉） *Cosmos sulphureus* 菊科、波斯菊属

形态特征：1年生花卉，茎较细，上部分枝多，并抽生花梗。株高60～90cm，全株有毛。叶对
生，二回羽裂，裂片条形。腋生头状花序，舌状花黄色至橘红色，有重瓣品种，花
期夏秋，较波斯菊早些。

地理分布：原产北美及墨西哥。我国各地有栽培。

主要习性：喜光。不耐寒，不耐炎热，耐干旱。肥水过多会徒长，开花减少。生长习性健强。
一般品种在秋初开花至霜降。如植株太高，可在夏季修剪。

繁殖方法：春播为主，可分期播种，花期不断。

应用范围：作组合盆栽、杂植树坛，庭院绿化，花坛。

| 280 | 大丽花 | （大丽菊、大理花、天竺牡丹、地瓜花） | *Dahlia pinnata* Cav. | 菊科、大丽花属 |

形态特征：多年生球根草花，具有粗大纺锤状块根，乳白色，茎中空。叶对生，1～3回羽状分裂，裂片卵形，具粗锯齿。头状花序异性，顶生，放射状，具长柄，缘花舌状花瓣，色彩极丰富，花有红色、粉红色、黄色、白色、紫色、雪青色、洒金色等颜色，有单瓣、重瓣等类型，盘花两性，结实，黄色。瘦果压扁。花期7～10月。

地理分布：原产墨西哥，我国各地有栽培。

主要习性：喜光，喜温暖而凉爽气候，在夏季高温下生长不良。喜富含腐殖质、排水良好的沙质壤土。

繁殖方法：以扦插和分株繁殖为主，也可播种繁殖。

应用范围：大丽花花形多姿，花色丰富，花期春、秋皆有，可作切花、花坛、盆栽等。目前已在世界各地广为栽培，它已成为春植球根花卉中的重要种类。

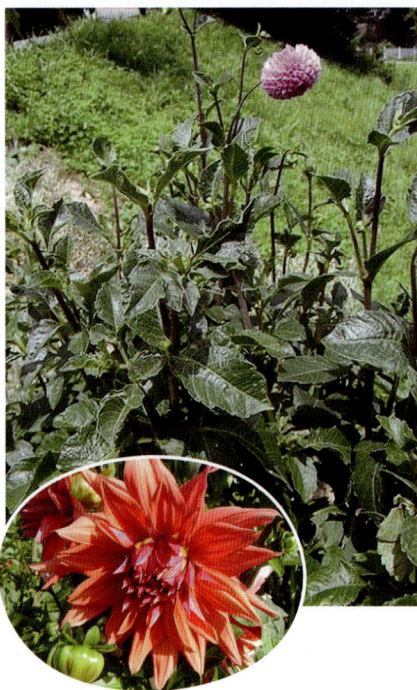

| 281 | 菊花 | | *Dendranthem morifolium* (Ramat.)Tzvel. | 菊科、菊属 |

形态特征：多年生宿根花卉，株高20～150cm，全株被毛。茎直立，基部半木质化，有粗糙感。单叶互生，有浅裂，自成一种菊叶形。头状花序，外轮舌状花变化较多；花色丰富，有黄、白、红、紫，也有灰、绿等色和间色品种；花期夏秋。瘦果，一般种子不育。

地理分布：原产中国。

主要习性：宜阳光充足，短日照。耐寒能力强，根系耐-10℃，但生长宜温暖气候，一般为15.5℃以上才能形成花芽。生长适温为18℃左右，最高温32℃左右，一般不能低于10℃。土壤要求排水良好，pH值6.2～6.7为宜，保持疏松、不粘重。浇水，保持土壤湿润。基肥要足，在生水长期，一般每2周施一次追肥。

繁殖方法：扦插。脚芽扦插，嫩枝扦插为常用的繁殖方法。

应用范围：作切花、盆栽、地栽。

282 天人菊　　　　*Gaillardia pulchella* Foug.　　菊科、天人菊属

形态特征：一、二年生草本花卉，茎直立，散生成丛，分枝较多。株高 25 ～ 60cm，全株披毛。
叶互生，卵状披针形，近无柄，叶形变化较大，有锯齿或缺刻。头状花序，花梗细长，
舌状花常单轮，花瓣先端有缺刻，花瓣基部常有深褐色环；花色淡黄至暗红；春秋
两季均有花可赏。瘦果。

地理分布：原产北美，我国各地有栽培。

主要习性：喜光。二年生幼苗宜冷床越冬，生育温度 10 ～ 20℃，生长适温 12 ～ 15℃；耐夏
热，耐干旱，生长强健，
但不利多年生。宜排
水性良好的疏松土壤，
耐肥。具自播性和宿
根性。

繁殖方法：播种繁殖。

应用范围：作花丛、花坛、组合盆
栽。

283 麦杆菊（蜡菊）　　　*Helichrysum bracteatum* (Vent.)Andr. 菊科、蜡菊属

形态特征：1 年生草花，高 80 ～ 100cm。全株被毛。茎直立，上部分枝。单叶互生，长圆状披针
形，全缘，略波皱，叶柄或近无柄。头状花序单生枝顶，外层椭圆形，总苞片多层，
覆瓦状排列，膜质，干燥具光泽，伸展成花瓣状，颜色艳丽，直径 3 ～ 6cm。全部
为筒状花，花小，早落，不显著；苞片多层发达，呈花瓣状，膜质，坚硬，花序托
裸露，夏、秋季节色彩鲜明有光泽，花有淡
红色、黄色、白色、紫色等颜色。瘦果圆柱形，
具 5 棱。花期夏秋。

地理分布：原产大洋洲，我国各地有栽培。

主要习性：喜光，怕酷热，生育适温 12 ～ 25℃，生育温
度 5 ～ 25℃。适生于湿润而又排水良好的肥沃、
疏松土壤上。

繁殖方法：播种繁殖。

应用范围：可布置花坛或林缘丛植，还可制作干花。

七十六、百合科

284 天门冬（天冬草、武竹） *Asparagus cochinchinensis (Lour.)Merr.* 百合科、天门冬属

形态特征：多年生草本，高约100cm。块根肉质，纺锤形，茎细长，多分枝，丛生。全体无毛。叶状枝通常2～4丛生，扁平而具棱，条形或狭条形，长1～2.5cm，宽1mm左右；叶退化成鳞片状，3～8枚簇生，绿色，具光泽，花小，白色，杂性，1～3朵丛生；花被钟状，花被片6；雄蕊6；子房3室。浆果球形，熟时红色。花期6～7月。

地理分布：原产中国。各地均有栽培。

主要习性：喜半荫，喜温暖潮湿环境，喜排水良好的沙质壤土或富含腐殖质的壤土。

繁殖方法：播种或分株繁殖。

应用范围：条形叶状枝绿色，果熟红色，十分美观、优雅。可作装饰材料观赏，也是切花，制作花篮、花束常用的好材料。

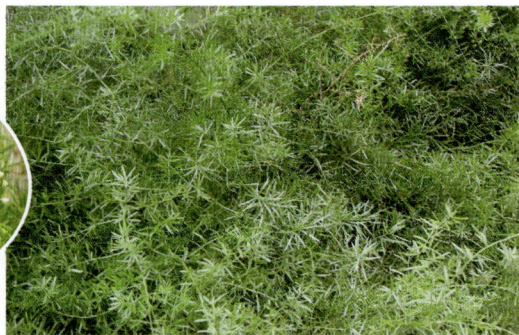

285 铃兰（草玉铃、君影草、香水花） *Convaliaria keiskei Miq.* 百合科、铃兰属

形态特征：多年生球根草花，高达30cm。根状茎细长，匍匐，有多数须根。叶2片，叶片椭圆形，长13～15cm，宽7～7.5cm，先端急尖，基部狭窄，下延呈鞘状互抱的叶柄，弧形脉多条，于两面突起。花葶由基生、膜质的鳞片鞘内抽出；总状花序偏向一侧，有花6～10朵，乳白色，花被广钟形，直径5～6mm，先端6裂，具芳香；雄蕊6；子房3室。浆果球形，熟时红色。花期5～6月。

地理分布：东北东部山区，华北、西北。

主要习性：喜半荫且湿润环境。耐寒，土壤以腐殖质土及沙质壤土生长较好。不耐干旱瘠薄土壤。

繁殖方法：用根状茎分根繁殖。

应用范围：铃兰花香扑鼻，花形优雅，常作切花，还可植于草坪或林下、林缘或盆栽观赏。

286 大花萱草　*Hemerocallis × hybrida (Hemerocallis middendorffii)* Trautv. et May.　百合科、萱草属

形态特征：多年生宿根花卉，株高 70～80cm。根状茎纺锤形，肉质，具发达的根群。线形至线状披针形，中脉明显，叶细长，拱形下垂，叶长 30～45cm，宽 2～2.5cm，小花漏斗型花冠，花瓣略反卷，花仅开一天，花长 8～10cm，花梗极短，花朵紧密。花色有黄、橙、变种有橙红、攻红、朱红等品种，有香味。花期晚春至初夏。蒴果长圆形革质，种子黑色有光泽。

地理分布：原产中国，全国各地均有栽培。

主要习性：喜光，在散射光下生长良好，最好每天有 6 小时的光照，能耐半荫。性强健。适应性强，耐寒，华北、东北可露地过冬，冬季地上叶丛大部分枯黄，仅留小芽，华东地区栽培为半常绿类型。土壤适应性很广，以湿润、肥沃、土层深厚、排水良好为佳。生长势旺盛，栽培容易，不需特殊管理，均可生长。

繁殖方法：分株繁殖为主。

应用范围：可植于岩石园、园路旁、坡地或布置花境。作晚春至夏秋的花境，古典园林与假山的配植。

287 玉簪（白鹤花、银针、玉春棒）　*Hosta plantaginea* (Lam.)Aschrers.　百合科、玉簪属

形态特征：多年生宿根草本，株高约75cm，丛生性强。地下茎粗壮，呈根茎状。叶基生，宽卵形，基部心形，弧形脉，叶柄较长，叶柄呈深糟状。花茎高出叶丛，总状花序，小花管状漏斗形，花白色，有香气，花期 6～8 月。蒴果。

地理分布：原产中国及日本，我国各地有栽培。

主要习性：喜半荫，但阳光有利开花，在空气湿润的夏凉地区，应注意提供一定光照。忌烈日照射，宜栽在树林下，生长繁茂。耐湿，耐旱又耐寒，生长健强，栽培较易。土壤要求含腐殖质丰富，需保持湿润的生长环境。开花前宜追肥。生长期要供水，增加湿度有利生长。

繁殖方法：分株繁殖为主，春季发芽前或秋季进行。

应用范围：作地被、盆栽、树坛布置。玉簪类约 40 种，目前出现了许多花叶品种。该属植物因为具耐荫、开花的特点，因此较有发展前途，可作园林地被植物、布置岩石园、花境和盆栽等。

288 百合（卷丹百合）   *Lilium lancifolium* Thunb.   百合科、百合属

形态特征：多年生球根类草花，高 45 ~ 100cm。地下鳞茎白色，扁球形，中间的芽出土成茎，地上茎褐色或带紫色，被蛛网状白色绵毛。单叶互生，狭披针形，5 ~ 7 脉，叶腋生黑色珠芽。总状花序有花 3 至数朵；花大，下垂，花被漏斗状，裂片 6，橙红色，内具紫黑色斑点，反卷。花期 7 ~ 8 月。

地理分布：全国各地有栽培。

主要习性：喜光，能耐强烈日照，性耐寒，喜排水良好、肥沃的土壤。

繁殖方法：用珠芽、鳞片、小球繁殖。

应用范围：可布置花坛、花境或群植于林缘，也可盆栽观赏或作切花。百合的花朵大，姿态优美，花色丰富，香气宜人。花期夏季。是切花和盆花的材料。复活节百合（*Lilium Easter* Hybrids）麝香百合 *Lilium longiflorum* Thunb. 为代表种。

289 山丹百合   *Lilium concolor* Salisb.   百合科、百合属

形态特征：鳞茎卵形，白色，较小。茎上半部被白色绵毛。叶披针形。花 1 至数朵，顶生；花被片长披针形，红色，不反卷，基部内侧常有暗紫色斑点。

地理分布：分布我国中部及东北，各地有栽培。

主要习性：耐寒，适应性强，能略耐盐碱土和石灰质土。

繁殖方法：分球或扦插鳞片繁殖，也可以播种繁殖。

应用范围：花境、岩石圆，丛植林缘或草坪边缘，或作切花。

290 郁金香（郁香、洋合花、洋荷花）　*Tulipa × hybrida (Tulipa gesneriana L.)*　百合科、郁金香属

形态特征：多年生草本，株高 20 ～ 80cm，整株灰绿色，被白粉，鳞茎扁圆锥形，外膜质苞片袍色。叶基生，2 ～ 5 枚，阔披针形，波缘。花单生，花形大，花被 6 枚，分成二轮，有香味。花色丰富，有红、榆、黄、紫、白以及复色等；花期 3 ～ 5 个月。蒴果。

地理分布：原产中亚和土耳其。我国各地有栽培。

主要习性：喜光，要求阳光充足。耐寒，冬季宜湿润，喜凉爽、湿润的气候，可用稻草之类覆盖；夏季休眠，宜凉爽，收球贮藏温度 15 ～ 18℃为佳，不要高于 25℃，并要求干燥、通风。土壤要深厚、肥沃、排水良好，必须消毒。稍耐寒，夏天气温过高则休眠。喜排水良好、疏松、肥沃、富有腐殖质的沙质土壤。东北地区已引种成功，且种球不退化，为我国种球重点生产基地。

繁殖方法：分球繁殖，秋季进行。

应用范围：作盆花、花坛、花境、切花。

　　　　　郁金香类是目前国际花市上极受欢迎的花卉种类。郁金香是‘花卉王国’荷兰的国花。荷兰在 17 世纪从土耳其引入郁金香后，大力开展育种工作，现在的栽培品种数以千计。郁金香已成为世界上最著名的球根花卉。郁金香是春季花坛中最美丽的花卉。植株整齐，花色鲜艳，可作盆栽观赏。郁金香也是一种十分受欢迎的切花材料，市场销量越来越大。

七十七、鸢尾科

291 射干（扁竹、山蒲扇、蝴蝶花）　*Belamcanda chinensis*(L.)DC.　鸢尾科、射干属

形态特征：多年生球根花卉，高 50 ～ 150cm。茎直立。具鲜黄色不规则结节状的根状茎，生有多数须根。叶互生，常聚生于茎基部，2 列，嵌叠状，剑形，扁平，长约 70cm，宽 2 ～ 4cm，有平行脉多条。花橙色而有红色斑点，排成顶生，2 歧状伞房状花序；花被片 6，基部合生成一短管；雄蕊 3；子房下位 3 室。蒴果。花期 7 ～ 9 月。

主要习性：喜干燥气候，耐寒，对土壤要求不严，但以排水良好、肥沃的沙质壤土生长最好。

繁殖方法：常用根状茎繁殖。春天将越冬的根状茎控起，按芽多少分切为 3 ～ 5 段，每段应有芽 1 ～ 2 个，然后栽种。

应用范围：可布置花坛、花境或群植丁林缘，叶可作盆栽观赏或作切花。

292 鸢尾（蝴蝶蓝、蝴蝶花、铁扁担）　*Iris tectorum* Maxim.　鸢尾科、鸢尾属

形态特征：多年生球根草花，株高 30 ~ 60cm，根状茎粗短，节多，节间较短，淡黄色；叶基生，剑形，或线状披形，叶质薄，长 30 ~ 45cm，宽约 2cm，淡绿色，有平行脉多条，全缘，嵌叠状。叶丛抽生粗壮花梗，花单生或数朵顶生，常呈聚伞花序。小花，花色以蓝为多，花期春季至初夏。蒴果。

地理分布：我国各地有栽培。

主要习性：喜光，耐寒性强，喜生于排水良好的半阴湿的土壤中。

繁殖方法：分株或播种繁殖均可。分株繁殖在春秋两季或花后进行。播种繁殖是在采收种子后即播为宜，播后 2 ~ 3 年才开花。

应用范围：花大色艳，可布置花坛、花境、林缘路旁、湖畔等处，也可盆栽观赏或切花。鸢尾类我国原产约 45 种，分布北温带。鸢尾在我国久经栽培，屡见于历代的诗词中，也是目前最普遍的一类宿根花类。鸢尾的种类、类型特别多，具耐荫性，可以广泛地应用于园林绿地，作花境、地被。另有耐湿、喜浅水生长的水生鸢尾，又是布置水景园难得的园艺品种。

293 德国鸢尾　*Iris germanica* L.　鸢尾科、鸢尾属

　　株高 70 ~ 90cm，根状茎卧土生长。叶剑形较长，叶丛直立，粉绿色。聚伞状花序，3 ~ 6 朵，花朵较大。'旗瓣'直立，拱形内卷，'垂瓣'略下垂，中肋基部具髯毛。花色淡红、紫、褐、另有黄、白及各种复色。花期 5 ~ 6 月。

　　本种引种后，已广栽于我国园林绿地。它花色丰富，为良好的花境应用材料。园艺品种正不断出现，如：'Belle Meade'，旗瓣浅紫色，中间灰白带紫色，垂瓣仅边缘紫色，花冠以灰白色为主；'Gudrun'，花纯白色，仅垂瓣颈部有黄色须毛；'Rajah Brooke'，旗瓣鲜红色，垂瓣深红色，近边缘呈脉纹状，边缘为黄色；'Bravado'，花朵全为黄色，花瓣边缘皱。

七十八、禾本科

294 匍匐剪股颖（酥油草）　　　*Agrostis stolonifera* L.　　　禾本科、剪股颖属

形态特征：多年生草本。具有长的匍匐枝，无根状茎，须根细而多。茎直立，基部膝曲，高
20～80cm，叶条形，扁平，宽3～4mm；叶鞘略带红色。圆锥花序卵状椭圆形，
长11～20cm，绿紫色，每节具5分枝，分枝毛状；小穗长2～2.5mm，有1小花，
脱节于颖之上；颖近相等；外稃钝头，质地较颖为薄；内稃长；颖果离生，但为外
稃所包藏。

地理分布：华北、西北及华东等地。

主要习性：较早熟禾耐荫，喜冷凉湿润气候，耐寒，耐瘠薄土壤，但不耐干旱，在排水良好的
土壤上生长良好，耐低修剪，再生能力强，耐践踏能力中等。

繁殖方法：播种或分株繁殖。也可栽植草皮。

应用范围：宜用于湿地观赏草坪，也是高尔夫球场球穴区的良好草坪。

295 野牛草　　　*Buchloe dactyloides* (Nutt.) Engelm.　　　禾本科、野牛草属

形态特征：多年生草本，具匍匐枝。秆高10～25cm，细弱。叶片条形，扁平，粗糙，长20cm，
宽1～2mm，两面疏生白柔毛。花雌雄同株或异株；雄小穗具2小花，无柄，2
列于穗轴之一侧面成短穗状花序；此花序2～3生于细而直立的秆上；雌小穗
3～5，排成头状或短穗状花序，此花序部分藏于叶中。

地理分布：原产北美。我国各地有引种栽培。

主要习性：喜光，耐半荫，耐干旱，不耐长期水湿，耐轻度盐碱，较耐践踏。

繁殖方法：分蘖繁殖。

应用范围：宜作观赏草坪。

296 紫羊茅（红牛尾草、红狐草）   *Festuca rubra* L.   禾本科、羊茅属

形态特征：多年生草本，高 45 ~ 70cm。叶条形，扁平，纤细，光滑，柔软，对折或内卷，叶宽 1 ~ 2mm。圆锥花序，长 9 ~ 13cm；小穗长 7 ~ 11mm，先端带紫色，有花 3 ~ 6 朵，颖不等长，内颖较外颖稍长，第一颖具 1 脉，第二颖具 3 脉，外稃长 4.5 ~ 6mm，有 5 脉。

地理分布：我国长江以北各省均有分布。

生态习性：喜凉爽、湿润气候，耐寒，耐阴湿，不耐炎热。耐干旱。喜排水良好的沙质壤土，耐践踏能力强，耐低修剪。

繁殖方法：播种繁殖，也可生长草皮移栽。

应用范围：宜用于观赏草坪或运动场草坪。

297 草地早熟禾（牧场早熟禾）   *Poa pratensis* L.   禾本科、早熟禾属

形态特征：多年生草本，根状茎纤细。叶片条形，扁平，柔软，长 15 ~ 20cm，宽 2 ~ 4mm；叶鞘上 2/3 开口，下 1/3 闭合。圆锥花序长 15 ~ 20cm，分枝下部裸露；小穗长 4 ~ 6mm，有花 3 ~ 5 朵；外颖较内颖短。

地理分布：原产我国东北及西北。

主要习性：喜光，耐半荫，耐寒，适应性强，在肥沃、湿润、排水良好的土壤中生长良好。再生能力强，耐修剪，但不耐践踏。

繁殖方法：播种繁殖，也可用草皮移栽。

应用范围：宜作观赏草坪。

298 林地早熟禾　　　　　　　　*Poa nemoralis* L.　　　　禾本科、早熟禾属

形态特征：多年生草本，丛生，秆细弱，高约45cm。叶条形，扁平，质薄，长10～18cm，宽1～2.5mm；圆锥花序长开展，小穗略被微毛；颖披针形，具3脉；第一颖较第二颖略短而狭窄，外稃长圆状披针形，内稃较短，狭窄。

地理分布：中国东北、华北地区；日本及欧洲地也有分布。

主要习性：耐荫，耐寒，耐干旱，耐践踏。

繁殖方法：播种繁殖或移栽繁殖。

应用范围：宜用作耐荫草坪或作疏林草地。

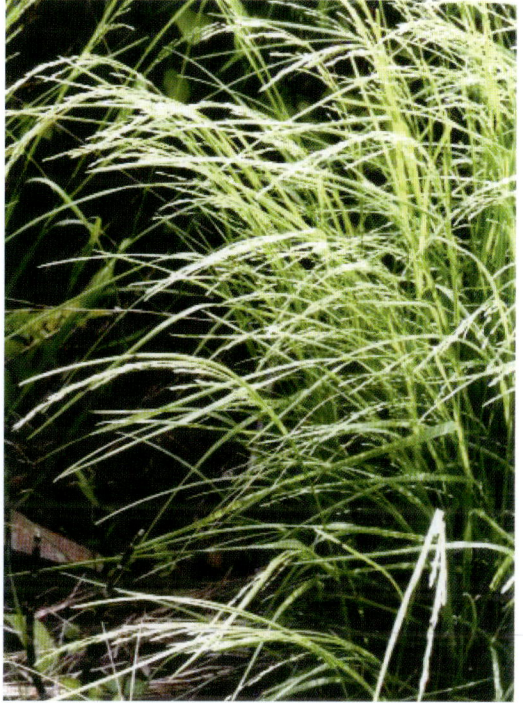

299 结缕草（老虎皮草）　　　　*Zoysia japonica* Steud.　　　禾本科、结缕草属

形态特征：多年生低矮草本，高15cm。具根状茎。叶舌短；叶片条状披针形，扁平，宽2～5mm。总状花序长2～6cm；小穗卵形，宽3～3.5mm，紧贴穗轴，内含1朵小花，脱节于颖之下；第一颖缺，第二颖草质，边缘于下部合生，包围着膜质的外稃；雄蕊3；果与外稃离生。

地理分布：我国华北、华东有分布。日本、朝鲜也有分布。

主要习性：喜光，喜深厚、肥沃、排水良好的沙质壤土，在微碱性土壤中也能生长。耐寒，耐践踏。

繁殖方法：多用无性繁殖方法、铺草块方法繁殖。也可播种繁殖。

应用范围：适作观赏草坪，也可作运动场草坪。

附录1 北方地区主要花灌木花期顺序简表

始花期（月）	末花期（月）	树种名称	花色	气味
2	2	迎春	黄色	微香
3	4	连翘	黄色	无香味
3	5	白鹃梅	白色	微香
3	4	山茱萸	黄色	无香味
4	5	东北连翘	黄色	无香味
4	5	卵叶连翘	黄色	无香味
4	5	紫丁香	紫色	清香
4	5	小叶丁香	紫色或淡紫色	清香
4	5	蓝丁香	蓝紫色	清香
4	5	大花溲疏	白色后变浅粉红色	微香
4	5	华茶藨子	黄绿色	香
4	5	腺毛茶藨	黄绿色	微香
4	5	香茶藨子	黄色	微香
4	5	北方茶藨子	淡绿黄色	微香
4	5	糖茶藨	微绿带紫晕	微香
4	5	木瓜	粉红色	微香
4	5	山楂	白色	微香
4	5	棣棠花	金黄色	微香
4	5	珍珠绣线菊	白色	无香味
4	5	中华绣线菊	白色	无香味
4	5	欧李	白或粉红色	微香
4	5	毛叶欧李	白或粉红色	微香
4	5	榆叶梅	粉红色	无香味
4	5	毛樱桃	粉红色	无香味
4	5	灌木樱	白色	无香味
4	5	鸡麻	白色	微香
4	9	月季	红、紫、粉红或白色	香
4	6	黄刺玫	黄色	微香
4	5	报春刺玫	黄或黄白色	微香
4	5	东北扁核木	黄色	微香
4	5	扁核木	黄色	微香
4	5	紫荆	紫红色	无香味
4	5	兴安杜鹃	紫红色	微香
4	5	迎红杜鹃	淡紫红色	微香
4	5	六道木	白色、淡黄或带浅红色	香
4	5	阿特曼忍冬	淡黄色	微香
4	6	葱皮忍冬	白后变黄色	微香
4	5	早花忍冬	淡紫色	微香
4	6	华北忍冬	暗紫色	微香
4	5	接骨木	粉红后变白色或淡黄色	无香味
4	6	锦带花	粉红色	无香味
4	5	早锦带花	粉红喉部黄色	微香
4	6	绣球荚蒾	白色	微香
4	5	香荚蒾	白色	芳香

（续）

始花期（月）	末花期（月）	树种名称	花色	气味
4	5	芫花	淡紫色或紫红色	无香味
4	5	红叶	黄色	无香味
4	5	毛黄栌	黄色	微香
4	5	文冠果	白色	微香
5	6	探春	黄色	微香
5	5	毛叶探春	鲜黄色	清香
5	5	白丁香	白色	清香
5	5	欧洲丁香	蓝紫色	清香
5	6	红丁香	淡紫色至近白色	香
5	6	关东丁香	淡紫色	香
5	6	辽东丁香	浅蓝紫色	香
5	5	什锦丁香	淡紫色	香
5	6	羽叶丁香	白色，有紫斑	香
5	5	花叶丁香	淡紫或白色	香
5	5	裂叶丁香	淡紫色	香
5	5	毛叶丁香	淡紫色	香
5	5	东北山梅花	白色	微香
5	7	山梅花	白色	微香
5	6	东北茶藨子	绿色	微香
5	6	黑果茶藨子	白色	微香
5	5	美丽花藨	淡红色	微香
5	6	灰栒子	白或粉红色	微香
5	6	黑果栒子	粉红色	微香
5	6	水栒子	白色	微香
5	6	西北栒子	浅红色	微香
5	6	辽宁山楂	白色	微香
5	6	黄果山楂	白色	微香
5	6	甘肃山楂	白色	微香
5	6	毛山楂	白色	微香
5	6	土庄绣线菊	白色	无香味
5	6	三裂绣线菊	白色	无香味
5	6	石蚕叶绣线菊	白色	无香味
5	6	毛花绣线菊	白色	无香味
5	7	蒙古绣线菊	白色	无香味
5	6	金丝桃绣线菊	白色	无香味
5	5	麦李	粉红色或白色	无香味
5	5	郁李	粉红色或白色	无香味
5	5	长梗郁李	粉红色或白色	无香味
5	6	野珠兰	白色	微香
5	6	山楂叶悬钩	白色	无香味
5	6	复盆子	白色	无香味
5	6	茅莓	粉红色或紫红色	无香味
5	7	紫穗槐	蓝紫色	无香味
5	6	小叶锦鸡儿	黄色	无香味

(续)

始花期（月）	末花期（月）	树种名称	花色	气味
5	6	柠条锦鸡儿	淡黄色	无香味
5	6	鱼鳔槐	鲜黄色	微香
5	7	毛刺槐	粉红色或淡紫色	微香
5	6	照白杜鹃	白色	无香味
5	6	大字杜鹃	粉红色有紫红斑点	微香
5	5	小檗	黄白色	无香味
5	6	大叶小檗	鲜黄色或淡黄色	无香味
5	6	普通小檗	鲜黄色	无香味
5	6	细叶小檗	黄色	无香味
5	6	猬实	粉红色	微香
5	6	美丽忍冬	白色、粉色后变黄色	微香
5	6	蓝靛果忍冬	黄白色带粉红或带紫色	微香
5	6	刚毛忍冬	黄白色	微香
5	6	金银忍冬	白色后变黄色	香
5	6	紫枝忍冬	紫红色	微香
5	6	小叶忍冬	黄白色	微香
5	6	长白忍冬	白色后变黄色	微香
5	6	陇塞忍冬	黄白色带红晕	微香
5	6	鞑靼忍冬	粉红或白色	微香
5	6	西伯利亚接骨木	淡绿色	无香味
5	5	白花锦带花	白色	无香味
5	6	日本锦带花	淡红色	无香味
5	6	鸡树条荚	乳白带粉红色	无香味
5	6	欧洲荚	乳白带粉红色	无香味
5	7	陕西荚	白色	无香味
5	6	蒙古荚	白色	无香味
5	6	暖木条荚	淡灰白色	无香味
5	7	石榴	深红色	微香
5	6	四照花	黄色	无香味
5	7	红瑞木	白色或淡黄色	无香味
5	5	白檀	白色	微香
5	6	省沽油	白色	无香味
5	5	牡丹	红、紫、黄白、豆绿色	微香
5	6	互叶醉鱼草	鲜紫红色或蓝紫色	芳香
5	6	薄皮木	淡紫色	微香
5	9	柽柳	粉红色	香
5	9	多花柽柳	粉红色	微香
5	8	金丝桃	鲜黄色	无香味
5	6	玉玲花	白色带粉红色	芳香
5	6	野茉莉	白色带粉红色	香
5	6	小紫珠	淡紫色	无香味
6	7	暴马丁香	白色	清香
6	6	北京丁香	白色或黄白色	清香
6	7	东陵八仙花	白色后变淡紫色	微香

（续）

始花期（月）	末花期（月）	树种名称	花色	气味
6	6	光萼溲疏	白色	微香
6	6	小花溲疏	白色	微香
6	6	太平花	白色	微香
6	7	天山茶藨	淡红至淡紫色	微香
6	7	齿叶白鹃梅	白色	微香
6	6	风箱果	白色	微香
6	6	无毛风箱果	白色	微香
6	7	华北珍珠海	白色	无香味
6		华北绣线菊	白色	无香味
6	8	金露梅	鲜黄色	微香
6	8	银露梅	白色	微香
6	7	刺玫蔷薇	白色	香
6	7	刺蔷薇	粉红色	香
6		玫瑰	粉红色	芳香
6	8	疏花蔷薇	粉红色	香
6	9	胡枝子	紫红色	微香
6	7	北京锦鸡儿	黄色	无香味
6	7	花木蓝	淡紫红色	微香
6	7	朝鲜越橘	粉红色	微香
6		黑果越橘	淡绿色	微香
6	7	沙棘	乳白色	无香味
6	7	叶底珠	黄绿色	清香
6	9	无梗五加	紫色	无香味
6	9	多枝柽柳	粉红色或紫色	微香
6	7	小花扁担杆	淡黄绿色	微香
6	7	紫珠	白色带粉红色	微香
6	9	臭牡丹	红紫色	芳香
6	11	海州常山	白色带粉红色	香
6	8	荆条	淡紫色	香
7	10	大花圆锥绣球	初白色后变粉红至粉紫色	微香
7	8	珍珠梅	白色	微香
7	9	杭子梢	紫色	无香味
7	9	美丽胡枝子	紫红色	微香
7	8	鬼箭锦鸡儿	淡红色或黄白色	无香味
7	7	牛皮杜鹃	黄色或淡黄色	无香味
7	8	木	白色	无香味
7	8	辽东木	黄白色	无香味
7	8	刺五加	紫色或黄色	无香味
7	9	紫薇	鲜红色或粉红色	微香
7	10	木芙蓉	粉红色或紫红色	微香
7	10	木槿	淡紫红色	微香
7	9	蒙古荻	蓝紫色	香
8	9	多花胡枝子	紫红色	微香
11	翌年2	蜡梅	蜡黄色	浓香

附录2　北方地区主要草花花期顺序简表

始花期（月）	末花期（月）	花卉名称	花色
4	5	冰里花	黄色
4	5	楼斗菜	紫、花瓣先端带白色
4	5	芍药	白、红、黄、深红、紫红、洒金色
4	5	荷包牡丹	玫瑰红色
4	6	金盏菊	黄、橙色
4	7	丛生福禄考	紫红色、白、粉色
4	8	石竹	白、淡红、紫红色
4	9	角堇	白、淡黄、橙花、淡雪青、紫堇色
4	9	非洲凤仙	白色、桃红、玫瑰红色、深红色、雪青、淡紫、橙红及复色
4	9	新几内亚凤仙	橙、黄、桃、红、白色
4	10	四季秋海棠	观叶、观花、白、粉红、洋红、复色
4	9	白晶菊	白色
4	10	五星花	绯红、粉红、桃红、桃红条纹、深红、白、淡紫色
5	9	香雪球	白、粉、雪青、深紫色
5	9	天人菊	花色淡黄至暗红色
5	6	花菱草	黄、橙、黄色
5	6	非洲菊	白、橙、黄色
5	6	大花翠雀	蓝紫、粉红色
5	6	郁金香	红、暗红、紫、白黄色
5	6	平贝母	污紫、淡紫、具
5	6	铃兰	白色
5	6	勋章菊	白、黄、乳黄、橙、粉、红色
5	6	鸢尾	蓝色
5	6	矢车菊	粉红、白、玫红、蓝、深蓝色
5	7	虞美人	鲜红、紫红、粉红、朱砂红、白色
5	7	雏菊	白、粉红、深红、洒金、朱红、紫色
5	7	飞燕草	堇蓝、紫、红、粉红、白色
5	7	银边翠	主要观叶，叶缘白色
5	7	瞿麦	粉、白、紫色
5	7	康乃馨	白、黄、粉红、紫、火红、玛瑙
5	7	少女石竹	白、淡紫色
5	7	常夏石竹	粉红、白、紫色
5	7	须苞石竹	墨紫、绯红、粉红色
5	7	茼蒿菊	黄、白色
5	7	弯距柳穿鱼	白、紫红、深紫色
5	7	夏堇	粉、紫、雪青、白、复色
5	8	萍蓬	黄色
5	8	圆叶石竹	玫红、白色
5	8	矮雪轮	白、粉红、雪青、玫瑰红色
5	9	高雪轮	淡红色、玫瑰红色、白色、雪青色
5	9	锦葵	大红、浑紫、粉红、墨紫、具暗色条纹色
5	9	羽裂美女樱	桃红色
5	9	细裂美女樱	浓紫色
5	10	三色堇	黄、白、紫色
5	10	天竺葵	粉红、红、白、橙红、紫、双色

(续)

始花期（月）	末花期（月）	花卉名称	花色
5	10	黑心菊	舌状花金黄色，筒状花褐色
6	7	黄蜀葵	黄、紫色
6	7	五色苋	白色
6	7	山矢车菊	黄、白、淡红或紫色
6	7	大花剪秋罗	大红色
6	7	玉簪	白色
6	7	紫玉簪	紫色
6	7	紫斑风铃草	白具紫斑色
6	7	锥花福禄考	蓝、紫、红、粉红色
6	7	天门冬	白色
6	7	肥皂草	白、粉红色
6	7	荇菜	黄色
6	7	芡实	紫色
6	8	蛾蝶花	白、蓝、青、紫、橙、黄、粉红、棕红色
6	8	荷花	红、白、粉红色
6	8	萱草	金黄、米黄、淡黄、绯红、玫瑰、淡紫色
6	8	毛地黄	暗紫红色
6	8	藿香蓟	白、粉红、紫红、蓝色
6	8	红花	红、橙、黄、白色
6	8	桂竹香	橙黄带红褐或红紫色
6	8	凤仙花	白、粉红、玫瑰红、紫色
6	9	福禄考	红色、玫瑰红、粉、紫、白色
6	9	满天星	白、粉红色
6	9	紫罗兰	深紫、青莲、浅红、浅黄、白色
6	9	金鸡菊	黄色
6	9	一点红	橙红、橙黄色
6	9	高雪轮	淡红、玫瑰红、白、雪青色
6	9	唐菖蒲	白、粉、黄、蓝、红、橙、紫色
6	9	山梗菜	蓝、白、紫、粉、复色
6	9	美人蕉	红、黄色
6	9	小百日草	黄、白、粉红色
6	9	蔓枝满天星	粉红色
6	10	杂种金光菊	春秋两季花，舌状花金黄色，筒状花褐色
6	10	睡莲	黄、红、白、分红色
6	10	荷兰菊	浅紫、紫色
6	10	长春花	粉红、白、黄、白花心色
6	10	波斯菊	白、粉红、深红色
6	10	蛇目菊	黄、紫色
6	10	黑心菊	金黄、基部暗紫色
6	10	孔雀菊	金黄或橙黄带红斑色
6	10	万寿菊	黄至橙黄色
6	10	美女樱	紫、蓝、红、白色
6	10	矮牵牛	白、粉、红、紫色
6	10	醉蝶花	紫红、粉红、淡紫色
6	10	一串红	红色
6	10	半枝莲	白、黄、红、粉、橙红

(续)

始花期（月）	末花期（月）	花卉名称	花色
6	10	大花马齿苋	复色嵌杂，花色丰富色
6	10	柳穿鱼	黄、白、粉、紫红、紫色
6	10	硫华菊	金黄色
6	10	金鸡菊	金黄色、白红
6	10	花烟草	黄、绿、白、紫红色
7	8	东北菱	白红
7	8	黄花菜	柠檬黄色
7	8	蜀葵	红、紫、墨红、双色、白以及黄色
7	8	细果野菱	白色
7	8	耳菱	白色
7	8	丘角菱	白色
7	8	格菱	白色
7	8	弓角菱	白色
7	8	冠菱	白色
7	8	千屈菜	紫红色
7	8	百合	橙红色
7	9	金鱼草	白底间杂黄、橙、红、紫、粉等色
7	9	紫茉莉	白、粉、红、紫、黄色
7	9	随意草	粉红、白、雪青、玫红色
7	9	千日红	深红、淡红、紫、黄白色
7	9	百日草	除蓝、黑外，其他各色均有色
7	9	麦秆菊	淡红、黄、白、紫色
7	9	曼陀罗	白、紫堇色
7	9	桔梗	鲜蓝紫色
7	9	射干	橙、有红色斑点色
7	10	盾叶天竺葵	粉红色、白色、橙红色、淡紫色、红色
7	10	向日葵	黄、红、复色
7	10	大丽花	红、粉红、黄、白、紫、雪青、洒金色
7	10	翠菊	浅堇至蓝紫色
7	10	雁来红	8~10月观叶，秋叶变红、黄、淡红、紫色
7	10	鸡冠花	红、黄、白、粉红、紫红、橙色
7	10	茑萝类	红、白色
8	9	朱唇	绯红色
8	9	一串兰	深紫蓝色、白色
8	9	金光菊	重瓣舌状花呈黄、橙黄色，筒状花呈黄绿色
8	10	牵牛	红、浅蓝、紫，白边及间色
8	10	荷兰菊	紫色
8	10	菊花	黄、白、红、紫、灰、绿色
9	10	非洲菊	第二次花开，白、橙、黄色
		羽衣甘蓝	主要观叶。叶紫红、红、黄、白色
		地肤	主要观叶，秋叶变红紫色
		彩叶草	淡蓝带白。主要观叶，叶色有紫红、朱红、桃红、淡黄色
		红绿草	观叶，红、绿色
		雪叶菊	银白色观叶植物

中文名索引

拉丁名索引

参考文献

1. C. Jeffrey. *An Introduction to Plant Taxonomy* (Seecond edition). Cambridge Univ. Press.

2. 中国科学院中国植物志编辑委员会. 中国植物志（第1卷）[M]. 北京：科学出版社，2004

3. 卓丽环主编. 城市园林绿化植物指南（北方本）[M]. 北京：中国林业出版社，2003

4. 卓丽环，陈龙清主编. 园林树木学[M]. 北京：中国林业出版社，2004

5. 王玲主编. 园林树木学实习指导[M]. 哈尔滨：东北林业大学出版社，2007

6. 任宪威主编. 树木学（北方本）[M]. 北京：中国林业出版社，1997

7. 陈有民主编. 园林树木学[M]. 北京：中国林业出版社，1990

8. 北京林业大学园林学院花卉教研室. 花卉识别与栽培手册[M]. 合肥：安徽科学技术出版社，1995

9. 孙本信等. 草坪植物种植技术[M]. 北京：中国林业出版社，2001

10. 任步钧. 北方城市园林绿化[M]. 哈尔滨：东北林业大学出版社，2000

11. 潘中心. 房开江编. 唐人绝句五百首[M]. 贵阳：贵阳人民出版社，1981